Rory O'Connor

多希望
我能拉住你

[英] 罗里·奥康纳 著

李昊 译

When It Is Darkest

四川文艺出版社

献给所有因自杀失去了所爱之人的人

献给每天挣扎求生的人

目录

引言

"你不会自杀，对吧？"

这是当时我妈妈对我说的第一句话，时间是在二十五年前，那时候我刚开始对自杀问题进行博士研究。她担心研究自杀给我带来情感的负面影响，后来她还会定期询问，确保我一直在关注自己的心理健康。

"我当然不会。"我回答。

"你确定吗？"她逼问道，想进一步确认。

说实话，我不知道怎么回答她，这不是我真正考虑过的问题。作为一个二十一岁的人，我自我感觉坚不可摧，从来没有花太多时间去关注自己的心理健康。同时，那时候我对自杀也没有一手经验。我一直都对心理健康的话题好奇，但我研究自杀的决定不是计划好的，而是机缘凑巧。作为贝尔法斯特女王大学心理专业的学生，我一直在研究抑郁，并打算在读博期间继续研究这个方向。

　　然而在 1994 年夏天，刚好在我毕业之时，我的一位叫诺艾尔的教授突然给我打了个电话，问我是否有兴趣做关于自杀的博士研究。我抓住了这个机会，觉得这显然是我（研究生涯）的下一步。自杀是抑郁最糟糕的结果，尽管20世纪90年代初期，英国全境年轻男性的自杀率在上升，但在北爱尔兰几乎没有相关的研究。那一天，我还不能看出针对自杀问题的博士研究的前景，但我牢牢抓住了这个机会，决定走一步是一步。

　　一切就这么开始了——自杀问题研究即将成为我一生的激情所系。但当时我未曾料到的是，多年后诺艾尔会亲手输掉自己的心理健康之战。我常常想起他给我的机会，那就是我的滑动门时刻*。尽管永远没法确定，但我怀疑要是没有他，自己不会成为一个自杀问题的研究者，我的人生可能会走上迥异的道路。对此我将永远心怀感激。直到今天，我每天早上都能带着和二十多岁的自己同样的动力和热爱（甚至只多不少）醒来，想要改变世界。我也许应该在诺艾尔需要的时刻伸出援手。我真心希望自己这么做了。我将永远遗憾没能为他付出更多。愧疚和遗憾是一场自杀之后介入者非常普遍的情绪。

---

* 指看来平常的时刻，最后却成了定义人生的重要时刻。——译注

编者按：本文包含脚注与尾注两种注释。脚注多为名词解释，采用 *、**、*** 进行标记，如无特别标注，均为编注。尾注为数据、观点、表述的出处，采用 1、2、3 进行标记。尾注请通过扫描正文后的二维码获取。

　　回到我妈妈的问题，我当时没有预估到这个博士研究的情感负担，它要采访自杀未遂的人，还要获取关于自杀身亡者的私密细节的第一手信息。我不知道自己为什么会没想到，这些负担明明是显而易见的。这一切当然会让人筋疲力尽。直到今天，我依然清晰记得博士研究阶段自己访谈的第一个人：克雷格，一名四十多岁的男子，他因自杀未遂而入院治疗。在我访谈他的几个小时前，他服下了过量的药物。他能活着实属万幸，但我隔着病房和他对上视线的时候，他看起来愤怒万分。尽管提前预演了访谈的内容，但在靠近他病床的时候，我整个人还是僵住了。我开始流汗，希望自己不会说错话。

　　"你好，我是个心理学家，正在做研究，我想就昨晚发生的事情问你几个问题，可以吗？"我问道。我本以为他会拒绝，但让我意外的是，他同意了——和大部分在自杀未遂后被我找上的患者一样，而这点是我后来才知道的。

　　我们聊了聊他的生活，他的心理健康，他最近刚刚中断的恋爱长跑，他遥远的过去，以及前一晚他企图自杀的来龙去脉。他想要被倾听。尽管他比我年长，但他和我没什么不同——和我们任何人都没什么不同，他是个正在经历一段困难时期的人，挣扎着想要熬过每一天。同时，我也误判了他：他不是愤怒，而是沮丧——他卡住了，被困住了（trapped），觉得自己是所爱之人的负担。当我问他自杀未遂后，此刻感觉如何，以及对他来说，一切是否有什么变化时，他流着泪告诉我："没，什么都没变。我不在乎。我和昨天一样觉得自己抑郁、没有用。"而他是对的，什么都没变——他的亲密关系还是崩溃了，他儿时的创伤经历也没有得到哪怕一丁点儿的帮助。他被诊断患有适应障碍*，但很快就会出院，除了一封寄给他全科医生**的信，再没有别的救助了。我感到了无助——那是我初次经历这样的情感冲击，原因是见到了某个身处严重危难却无法获得帮助的人。他离开医院的时候，带走的问题不少，比数小时前在无意识状态下被救护车送来时还多。此后他将不得不面对自己的家人。

"他们因为我感到羞愧，他们认为我太自私了。我怎么能对他们做这种事呢？"他一度说道。我没法回答。在访谈的最后，他感谢了我。就在我好奇为什么时，他就好像读到了我的想法，补充说："谢谢你听我说。"

那一天，以及早年待在贝尔法斯特市医院急诊科旁留观室的日子，给了我许多珍贵的教训。我明白了倾听的重要和沉默的力量。我了解了源于自身的恐惧的力量，以及怀有自杀倾向的痛苦。我认识到了陪伴身陷痛苦之人的价值，也了解了他们因常和自杀联系在一起的羞愧。我知道那个夏天自己做出了正确的决定，并

---

* Adjustment disorder，由生活中的压力事件引发的一系列症状，包括产生消极想法，在情绪和行为上出现剧烈变化等。患有适应障碍的人有更高的自杀风险。

** 英国医疗体系中由政府指派给每个居民的社区医生。一般患者在出现健康状况时，需要先联系自己的全科医生，由其判断是否应前往更大的医疗机构进行专科或紧急治疗。

决心要尽自己所能去应对自杀，无论我的努力有多渺小。

妈妈的话依然回荡在我耳边，连同妻子、其他家人、朋友和同事等人的话一起，融入了这曲自我关爱的合唱中。并且，从那一刻开始直到现在，我都断断续续同自己进行着"我会不会自杀"的对话。这样的对话通常发生在与睡眠问题搏斗或者长期熬夜工作的时候，要么就是真有事情困扰着我的时候，就好像它们偷偷摸摸地找上了我。到我四十多岁的时候，它们变得愈发频繁了，随着人生的潮起潮落一同起起伏伏，来来去去。即便在没有进行"我会不会……"这类对话时，我也没有一天不在想着自杀，想着它的原因和后果。我真的会梦到自杀，它就和我活着、呼吸一样自然。

从20世纪90年代中期到末期，我把自己的整个职业生涯都花在了自杀研究上。我试着进入某个有自杀倾向的人的脑海，努力搞明白一系列导致自杀的复杂因素。我是格拉斯哥大学心理健康专业的一名教授，我在这里负责自杀行为研究实验室的工作，这是一个致力于理解和预防自杀的研究机构。除了大学里的研究，我也和很多国家级的、国际的自杀预防组织合作；我还在全国巡回，针对公众发表关于自杀的演讲。能亲眼看到我们的研究帮助别人理解自己或者爱人的痛苦，这就成了我工作中最有意义的一个方面。

科学家们总是尽可能广泛地向公众传播自己的研究成果，这至关重要，尤其是这些研究确实生死攸关。在工作中同那些因自杀而失去了所爱之人的人，同那些挣扎着想活下去的人，以及那些从自杀危机中康复过来的人交流，让我深感自己是何其幸运。在人们对我说出自己最为隐私的生活故事时，我也为他们给予我与我研究团队的信任而感到惭愧。

不久前，当与家人在克里特岛度假时的一个深夜，我再次产生了"我会不会自杀"的思绪。补充一下，这和假期无关，那是一次宜人的假期——气温三十度，海水青碧，有美食和美酒，还有极佳的旅伴。等我在新冠疫情期间写这本书时，那样的假期就像是一段遥远的记忆。我认为是湿度，无法从工作中抽身（暑假是我一年里唯一能不看邮件的时候），以及身为天主教徒而感到的负罪感（会在我不工作的时候出现）综合到一起，导致了这种思绪。当晚乃至之前的几周里，这本该死的书，没错，就是这本，几乎没有远离过我清醒和沉睡时的头脑。几年来，我一直想为大众写一本关于自杀的书，触及那些不会去读学术论文的人。对那些因自杀而失去了所爱之人的人，有自杀倾向的人，或者和身处危机中的人共事的人，以及试图理解这一复杂现象的更广泛人群，这是一本可以对他们发声的书。同时，我也希望这本书是个人的，传递了我的经验——当然我有担忧，作为一个注重隐私的人，我害怕会透露太多关于自己的事情。我认为，正是自我披露的焦虑让我陷入了停滞。作为一个在整个成人阶段都努力让自己表现得自信的人，我一直在问自己到底为什么要在一本书里冒险披露任何形式的脆弱、不确定感和恐惧。在多次尝试之后，我还是无论如何也没办法选定一个前行的方向。

但我还是有了突破，那个假日某夜凌晨四点左右，我无法入睡，就盯着空调出风口叶片看，试着让脑子安静下来。和过去频频发生的一样，"我会不会自杀"的念头浮了上来，但这一回，这些念头相当唐突："我会不会死于自杀？""我能杀掉自己吗？""我怕不怕死？"……与以往不同，我第一次让这些念头留了下来，试图理解它们，问自己："它们什么意思？""它们为什么一直回来？""我有什么问题？"过去，它们一进入我清醒的意识中时，我就会把它们赶走，觉得它们让我不舒服。我琢磨是不是自己对自杀研究的沉浸引发了这样的念头，或者是不是因为，在过去的每一年里，都有我认识的人死于自杀。除了拿自己和他们做比较，我什么忙都帮不上。我继续推理："没错，因此，我会专注于自己的脆弱和自杀的可能性也毫不意外吧？"除此之外，自我二十三岁那年，五十一岁的爸爸因心脏病突发去世后，我就被自己也终有一死的念头笼罩。我不知道我是不是在下意识地谋划自己的死亡，比起心脏病突发，我选择的是自杀。同时，我思考着自己最近更频繁出现类似想法的原因，是不是我对生活产生了不满，且恰好叠加了过去几年的焦虑和不适。确实，正是这三个在我四十到五十岁时几乎一直侵扰我的问题，让我在五年前开始接受心理咨询。

出乎意料的是，那个晚上，有关自杀的思绪引发的困惑带来了巨大的变化。直面这些思绪让我承认并接受了一点：我是可以有这样的想法的。

向前迈出的这一步似曾相识，也与几年前我开始接受心理咨询时发生的事情呼应了。四十二岁时，我成年后第一次在困境中寻求帮助。我极端地不开心，可能抑郁了，但我不明白是为什么。谢天谢地，每周的心理动力学治疗*给了我极大的帮助，至今依然如此。一开始，治疗让我难受、不安。我感觉彻底暴露了自己，并极其虚弱。结果就是我把接受心理咨询当作秘密，只告诉了和我最亲近的人。从 2016 年 5 月第一次咨询开始，我已经走出了很远。我对自己是谁有了更好的理解，我更能接受自己的缺陷，而且我确实更快乐了，快乐得多。我的职业也因此受益。心理咨询让我更深刻地理解了绝望的黑暗、生活的虚无，还有即使被他人环绕时也无法忍受的那种孤独。

毫无疑问，心理咨询是我心理健康的转折点。成年后绝大部分的人生里，我一直受到获得职业成功的驱使，很大程度上忽视了自己的情感和心理健康需求。我是乐观的外向者，总是很积极，同时在很大程度上掩饰了自己的紧张。我必须以每小时一百万英里的速度来做所有事情。打个比方，我总是以自己最快的速度从一件事跑到下一件事。我没有留出时间或者空间来滋养自己的心理健康。

---

* Psychodynamic psychotherapy，又称精神动力学治疗，这种治疗以精神分析理论为基础，旨在缓解因极端压力或情感困难造成的紧张、痛苦和心灵冲突。

考虑到我工作的重点，这未免太过讽刺了！

我想起了和心理医生的一次早期咨询，当时她问，我不断奔忙是不是意味着我想从某些东西上跑开？我们也探索了我是否害怕如果慢下来，就不得不去面对自己的不满和空虚，或者那和我父亲的死亡有关？我已经花了几年时间去试图理解这件事。我认为，一开始我想把所有事情都做完的努力是出于我对早逝的担心，但最近我相信我害怕慢下来是因为不想面对自己的情感需求。这也反映在我开始心理咨询不久后的一篇日志里：

> 我"外向"的自信和自我认知很容易突现。在最近的心理咨询中我聊到，当我有时严重地胡思乱想时，我会试着想象自己身处一个盒子里——出于某些原因，这么想让我有了些许安慰，感觉自己受到了保护。我希望自己提高心理承受能力，要是我坚持下去，胡思乱想就能被屏蔽掉，我就能放松下来。

我在这里披露自己所面临的困境原因之一是，寻求帮助对我起到了改头换面的作用。所以我希望自己的经验能鼓励其他人做出同样的事，特别是那些沉默寡言的人。尽管我依然在规律地同自己和自己的心理健康作战，但我已经找到了于我有效的方法，这方法健康得多，也更容易控制。同时，心理承受能力的脆弱性成了我后来研究的一个方面，当时我正在探寻可能导致自杀的因素。

回到那个我获得了突破的克里特岛之夜：那是醍醐灌顶的时刻，就好像我内心有些东西被解了锁。自杀的想法不再让我困扰了，反而意外地令人宽慰，像是有重物被抬开了。然后，随着太阳升起，我的思绪回到了这本书上。在停滞困顿了如此之久后，我看见了一条前行的道路。我能够想象出全书的结构，既是个人化的，又能聚焦在理解自杀的复杂性上，并把做什么能降低自杀风险的最新研究成果囊括其中。我不知道那个晚上是什么引发了变化：也许是度假让我有了时间和空间去思考自己的脆弱，而不用担心工作永无休止地打扰；也许是因为在历经了数年心理咨询后，我已拥有了一个安全的空间。总之，几小时断断续续的睡眠之后，我在第二天早上写下了这本书最开头的几百个单词。

那个早上——最终陷入沉睡之前，我的思绪飘到了第一次被自杀深深触动的那天。当时我接到消息，我的一位最亲密的朋友克莱尔去世了。

接到电话时，我人在办公室里。

"她走了，克莱尔走了。"戴夫说道。

"什么意思？"我不明白。

这是个出乎我意料的电话。戴夫和克莱尔住在巴黎，当时是中午，我们通常会提前约定通电话的时间。他为什么要打电话来？几周前我和他们通过电话，最近也通过邮件和克莱尔联系。我盼着他们回到苏格兰来。克莱尔是苏格兰一所大学的讲师，但过去一年里他们都住在巴黎，因为戴夫在那里有个研究项目，克莱尔请了学术假过去。那年的大部分时间他们都在那里度过，她，还有他，都喜欢巴黎。

我记得自己站了起来，困惑不已，在窄小的办公室里快速地来回踱步。我也许又问了一次，他所谓的"克莱尔走了"到底是什么意思？

"克莱尔死了。"戴夫回答道。我依然不明白，也不能明白。我一毫秒都没想过戴夫会告诉我克莱尔死了。

剩下的大部分对话于我成了一片迷雾。我身处震惊中。我没法理解。我依然不明白戴夫的意思。"克莱尔死了。"他说的难道不是她去了别的地方吗？他说"克莱尔死了"是什么意思？在哭泣声中，戴夫告诉了我发生的事情：克莱尔自杀了。我崩溃了。戴夫说话的同时，我内心一遍又一遍地重复道："克莱尔死了。""克莱尔死了。"每重复一次，内心的声音就大上几分。

那是 2008 年 9 月。克莱尔四十岁，我三十五岁。多年前，我们两人是在贝尔法斯特女王大学读博时相遇，自此便一直是朋友。第二天，当我飞去巴黎陪伴戴夫的时候，我依然无法相信克莱尔不在了。此后，我们每去一个地方，我都期望会见到她。她居然自杀了，这一切都说不通。在她死后很长时间，她都会出现在我的梦里，总在对我说她很好，别担心。

因为克莱尔的死，我崩溃了。这让我变了个人。除了失去挚友的个人打击，我也开始质疑自己的职业生涯。我即时的反应是，我辜负了克莱尔、戴夫和她的家人。我认为自己是个彻底的失败者。一开始，我发现自己很难继续自杀研究，因为我所做的一切都让我想起克莱尔。但我很欣慰自己坚持了下来。正是这种失败感持续激励着我的学术研究，让我努力去更好地理解导致自杀的因素，并开发新的方法去保护那群最脆弱的人。我在每周的心理咨询中还会提到克莱尔。我如今还是会为她而哭，她的影响萦绕在我的生活中，成了我对自己的脆弱的每日提醒，也是对我们所有人的脆弱的提醒。

我们每个人都有关于自杀的个人经验，无论是直接的，还是间接的。自杀是一个每年在全球范围内影响着数百万人的公共健康危机。我们每个人都认识某个死于自杀的人，或者我们会认识某个受到了自杀影响的人，也可能两种人都认识。令人相当悲伤的是，我们大部分时候都不愿意谈论自杀，害怕询问某人有没有自杀倾向。这一点必须改变。我们能围绕自杀展开对话是非常关键的，这样会让更多的人感觉不那么孤独，得到他们需要的帮助和支持。

自杀是最后的禁忌之一。它是那个"大写的 S（suicide）"，然而有人依然不愿意说出这个单词。它让我想起了二十或者三十年前围绕着癌症的禁忌，那时候它经常被称为"大写的 C（cancer）"。悲伤的是，自杀和谈论自杀受到了羞耻、错误观念和误解的阻碍。我想要展示出我们所有人都无法避免的脆弱，更关键的是，要展示出这种脆弱将如何成为把我们变得更坚强的催化剂。我会带你了解研究成果，帮助你尝试了解自杀的不同方法，但重要的是，我也会让那些有自杀倾向的人，或者被自杀夺去了所爱之人的人发出声音。我刻意避免了采用教科书的方式来写这本书。因为自杀能影响到所有人，我希望它能够尽可能触达更广泛的读者群体。理解及预防自杀的每种方法的细节，都有其他的书介绍过了。这本书不是针对每一种风险的对照表，也不是自杀预防策略。这不是它的目的。

因此，我试图通过《多希望我能拉住你》来做点不一样的事情。结合个人经验和职业经历——讲述包括自己的故事在内的人们的遭遇，我希望能够传递出自己在生活中，以及对这个最让人绝望的现象的研究中学到的东西。这是我通过研究自杀而走过的旅程，包括自杀是如何影响到我个人的。在这本书中，我从自己遇见的人的经验出发，试着搞清楚自杀，并分享那些有自杀倾向的人的故事，以及因为自杀而失去了所爱之人的人的故事。在所有的例子里，我变更了有关他们个人生活的细节，也隐藏了他们经历的细节，好保护他们的隐私。我把不同的经历结合到了一次描述中，尽管我变更了某些细节，我想传递的信息没有变，也是符合这些经历的。迄今为止，在自杀研究和预防的旅途中，我已经从遇到的无数人身上学到了太多，我为此深怀感激。

我会介绍一些自杀的常见原因，还有同自杀有关的因素。我会试着讲清楚何为自杀念头，为什么对某些人来说它们会变成自杀企图，以及对某些人来说，为什么会导致死亡。和媒体报道相反的是，自杀不是由某个单一因素导致的，它是一系列复杂的生理、心理、临床、社会和文化的决定性因素结合形成的"完美"风暴的结果。对大部分人来说，自杀不是想要结束生命，而是想要终结无法忍受的精神痛苦。在整本书中，通过带着你检视自杀的某些关键决定性因素，我将对这种痛苦出现的原因进行剥茧抽丝的分析。

要是你曾受到过自杀倾向的影响，尤其是你失去过所爱之人，读这本书也许会引发艰难和痛苦难熬的情绪。关爱自我是如此的重要，所以请一定照顾好自己。我也在书的结尾处收入了某些组织的联系方式，它们也许能在你需要帮助的时候伸出一只手。

最后，如果你有过自杀倾向，或者失去过自杀的人，或者正在帮助、关怀有自杀倾向或进行自我伤害的人，我最大的期盼是这本书能帮上忙。以某种微小的方式，让你理解自己的痛苦，或者理解其他挣扎中的甚至已经输掉了这场战斗的人的痛苦。

PART 1

关于自杀，
我们了解得其实不多

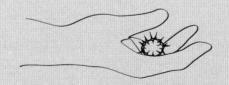

世界上每 40 秒就有一个人死于自杀。[1] 每一起自杀导致的死亡，都是个人与家庭难以承受的悲剧，且自杀的影响波及很广，远远超出了直系亲属的范围。不计其数失去子女的父母尚留在世间，朋友和同事们深受打击；学校、公司和社区每一天都在被这些惨剧所刺痛。长期以来有种说法，每一个自杀之人都有可能直接影响到六个人。然而，这个数字已经被证明是严重的低估。2018 年，由美国临床心理学家朱莉·塞雷尔（Julie Cerel）牵头的研究显示，每一起自杀事件会被 135 个人得知。[2] 这项研究以"# 不止六个"（#notsix）的话题在社交媒体上传播。尽管这个数字包含更疏远的社交关系，其中很多人不会像最亲近的人那样受到直接冲击，但它的确呈现出自杀巨大的波及范围。每一起自杀的影响就像是一颗社交炸弹的爆炸，破坏的广度、深度无法预测。

20 世纪 90 年代早期，我第一次接触自杀，当时我还是一名大学新生，我一个同学的表哥因为自杀离世。他一个月前刚庆祝了自己的二十岁生日，在去世当晚还外出社交，似乎情绪很好，但当晚迟些时候回到家，在对朋友们说过晚安后不久就自杀身亡了。我记得自己因他的死困惑不已，因为那看起来完全出乎意料，但当时我没有考虑太多。悲伤的是，在当时的北爱尔兰，他的死亡并非不同寻常，那时年轻男性的自杀率正在上升。[3] 尽管我没有受到这起事件的直接影响，但还是遭到间接冲击，感受到了我朋友的部分痛苦。那不过是发生在一个国家中的一个家庭里的死亡。而根据世界卫生组织（WHO）的数据，在世界范围内，每年至少有 80 万人死于自杀。[4] 这意味着每年有多达 1.08 亿的人会接触到自杀。这个数字比英国人口总数的 1.5 倍还多，相当于美国人口总数的三分之一。

那些被留在世间的人会被"如果"的想法席卷，经常无法理解为什么所爱之人会结束自己的生命。然而，在讨论为什么有这么多人死于自己之手前，我会在第一章带你简短地了解一下谁有自杀的风险以及其时机为何。我也会指出，我们在试图理解这个最让人困惑的现象时所面临的挑战。第二章里，我们会听到那些受到了自杀直接影响的人的声音，他们会直接揭示自杀倾向带来的痛苦是一种什么样的感觉。最后，第三章里，我会描述很多关于自杀的常见错误观念，揭示它们从何而来，以及为了保证它们能被破除，还有哪些事情需要我们去做。

受害者及时间

　　让我们从自杀这个术语，以及要判定自杀者是否自主结束了生命，此时面临的种种挑战开始说起。在世界上几乎所有国家里，我们都用自杀这个词来形容一起自我导致的死亡，这很直接且没有什么争议。然而，我们要如何判定一个人是打算结束自己的生命，而不是因为意外而丧命？如果发现了遗书，表明自杀者确实打算结束自己的生命，判定要容易一点。但是，只有不到三分之一的自杀死者会留下遗书，所以在大部分情况下我们没有直接的证据。[1]我也知道在某些案例中，即使留有遗书，验尸官也可能排除死因是自杀，因为死者留下遗书后也可能又改变了想法。我们也不能确定为什么有人会留下遗书，而有的人不留。也许仅仅是因为，那些在生活中更乐于沟通的人更有可能为所爱之人留下最后的书面信息。[2]

考虑到自杀者经常没有留下遗书，如何确定一例死亡是自杀导致的呢？我们可以考虑一下这个人的心理健康史，这个人是否经历了巨大压力，或者给其造成持续压力的重大事件，是否提到过要结束自己的生命，尤其是在去世前不久。这些都是直观的暗示，但要理解这些问题的答案并非易事。有过心理健康问题的病史或者近来遭遇过巨大的压力都不是判定有自杀风险的可信标志，大部分谈论自杀的人永远不会死于自杀。正如我们后来观察到的，尽管自杀通常发生于当事人有心理健康问题的背景下，但绝大部分有心理健康问题的人永远不会死于自杀。[3] 尽管如此，全世界的验尸官（以及有着同样职责的人）都会做的，就是在判定一例死亡是否为自杀时，试图拼凑出这个人的生活。他们搜集围绕这起死亡的信息，然后判断是否有足够证据将其登记为自杀。这是一项困难的工作。

在法律层面、个人层面和文化层面，每当判定一例死亡是自杀时，面临着大量的挑战。家人也许不相信死因是自杀，或者不希望其被判定为自杀，尤其是在那些自杀依然非法的国家，以及那些会对此感到极其耻辱，或者被暗示是为了获得人寿保险赔偿金的国家里。不仅如此，死亡性质的判定也依赖于死亡的地点，因为每个国家都有不同的判定程序，而这些程序受到了无数文化因素的影响。

举个例子，在 2019 年之前，英格兰和威尔士的验尸官如果要将一例死亡的原因登记为自杀，必须在充分"排除合理怀疑"的情况下才能判定某人有意自杀。这种类似犯罪调查的制度一定程度上加剧了对自杀的污名化。

除了自杀认定对家人的影响，各个国家不统一的死亡证明程序等因素，导致我们难以比较不同国家的自杀率。不过在很多国家，自杀的数据是和"未能确定死因"，以及"意外致死"的数据一起报告的，因为后两者中的很多例死亡可能就是自杀。如果将可能是自杀的案例纳入统计，有助于描绘出关于自杀规模更真实的图景。

我们定义过量用药（或毒品）、自残等非致命自我损伤行为的方式也面临着挑战。[4]最大的难点在于，能否准确地给这类行为的动机归因。大部分争议集中于自我伤害行为是否有自杀倾向，即是一次自杀企图还是一次非自杀性的伤害；或者有没有可能清楚分辨出两种行为。

安德鲁的故事就展示出了这样模棱两可的倾向。在他快四十岁时的一个晚上，一个路人告知一家慈善机构说当地河里有个男人，之后他被这家慈善机构找到了。慈善机构的志愿者们救下了他，此时急救也到了，把他送到了附近的一家医院。经过一晚上的医学观察后，他没等精神科来评估就自行出院了。后来我问他为什么不等等，他的回答出乎我的意料。我以为他会说自己没问题，说自己前一晚喝酒太多，以后不会再这么做了。而他却说，他真不知道为什么会那么做，所以为什么要等着评估呢？你能明白他的逻辑：如果连他自己都不知道为什么，别人显然也不会知道为什么。没错，他在精神上已经筋疲力尽了，但他还没有跌到谷底，不像过去那次过量用药时那样。他不过是累了，那天又"吃了药（指镇静剂）"，但他不觉得自己有自杀倾向。整件事更像是他寻思着自己可以试试，看看会发生什么，要是没死那就没死，要是死了那就死了。他极其实事求是。从这一次的简短交流中，很难知道安德鲁此次自我伤害事件是不是有自杀的倾向。但无论如何，能明确的是，不考虑他的动机，他的行为也可能会终结他的生命。

在本书中，我用"自我伤害"指代任何形式的自残自伤、自我毒害行为，无论其动机为何。当我提到某些人的自杀行为、自杀企图，或者非自杀性自残时，意思是我更确定是否有动机导致了这个行为。

谁有自杀风险？

自杀位列全球死亡原因排名前二十，是十五到二十九岁群体中排名第二的死亡原因。[5] 在自杀预防研究及其实践中，我们需要规律接触那些因自杀而丧失了亲友的人，以及那些有过自杀念头、自杀行为的人。

在世界上几乎每一个国家里，自杀的男性都多过女性，在西方国家里，男性可能终结自己生命的概率是女性的 3 倍。[6] 至于为什么男性的自杀率高于女性，没有一个简单的解释。但是，原因包括了使用更致命的自杀方式，选择寻求帮助的不同比例，文化惯例和对男子气概的期待，还有男性和酒精的关系，以及失去亲密关系对男性的冲击。[7]

在全球范围内，老年群体的自杀率最高，尤其是在七十岁及以上的群体中。尽管这个年龄组比例更高，但自杀并非他们的主要死因，因为大部分人会死于别的原因，比如癌症、心血管疾病和老年痴呆。[8] 相反，年轻群体的自杀率在数字上低于中年及老年，但自杀却是年轻人的主要死因之一。在美国，自杀是十岁到三十四岁群体中排名第二的死因。[9] 在全球范围内，自杀也是十五到二十九岁年轻人中排名第二的死亡原因，仅仅次于交通事故死亡。在英国，自杀是三十五岁到四十九岁男性群体的首要死因，是二十岁到三十四岁男女群体的首要死因。[10] 近年来，年轻人的自杀率一直在上升，在年轻女性中尤甚。针对这种上升的部分解释，是因为更多女性选择了更致命的自杀方法。和全球趋势相反的是，英国最新的数据显示，自杀率最高的是那些四十五岁到四十九岁之间的人，甚至比老年群体还高。

非致命自杀企图的数字很难准确估算。但 WHO 表示，每发生一起自杀死亡事件背后，就有约 20 人进行过非致命的自杀尝试。[11] 这意味着每年全球有 1600 万次自杀企图。在很多国家里，这样的企图在十八岁到三十四岁的群体中最常见。相比男性，女性的自杀企图要更加频繁。[12] 自杀企图以及自杀死亡在青春期之前很少见。[13] 尽管不同国家在比例上有所不同，但很清楚的是，自杀和自杀企图会在从青春期到成年期间，影响数以亿计的人。

健康不平等

健康不平等是不同社会群体在健康状况上的系统性差异，那些在社会里更弱势的群体寿命更短、疾病更多。健康上的不平等对于解释自杀率数据差异至关重要。大体上，健康不平等越严重，自杀的风险就越大。健康不平等深植在社会中，数十年来因社会及医疗保健政策而加剧，任何会导致污名、羞耻、挫败和困境的政策也都可能会对人的心理健康造成负面影响。

社会经济不平等和自杀之间也有着不可忽视的关系。诸如社会阶级、职业、教育水平、收入，或者是否拥有房产这一类的指标，经常被用于衡量社会经济不平等。有大量指标证明，在社会经济劣势和自杀风险之间存在着反比关系。

语言很重要

人们用很多种说法来描述自我伤害、自杀企图和死于自杀的人。然而，我们需要小心谨慎，因为我们使用的语言也许会导致压力或者造成冒犯，增加那些企图自杀以及那些自杀身亡者的家人业已体会到的耻辱。想想"实施自杀"*这个说法吧。它被广泛

---

* Committed suicide，字面意思是"犯下自杀罪"。

地使用，是我们国家在酒吧和俱乐部中、新闻里、网上、电影电视剧里讨论自杀时用到的表达。我们到处都可以听到它。但对某些人来说，这个说法是具有冒犯性的，使用它不够敏感且让人痛苦，因为它回溯到了那个自杀被认为是犯罪的年代。在某些国家里，那个年代并没有过去很久。以流行文化中最近的一个例子来说，有大量的声音呼吁，让林-曼努尔·米兰达修改大热百老汇音乐剧《汉密尔顿》(*Hamilton: An American Musical*)中《亚历山大·汉密尔顿》(*Alexander Hamilton*)这首歌的歌词，将"表兄实施了自杀"改为"表兄死于自杀"。

　　说到自我伤害和自杀企图，"这不过是寻求关注和意在操纵"这类贬义用语，依然在被过于频繁地使用。类似做法需要被消除，我在第三节里（见第49页）将讨论关于"寻求关注"的更多问题。在我看来，这很简单。试想他们一定正在经历着精神上的痛苦，如果他们对自己施加物理上的痛苦是为了缓解前者，那是寻求关注吗？当然不是，他们的行为在某种意义上引起了注意，但绝对不单是为了获得关注。然而，如果你问一个人是不是在试图为自己的悲伤吸引关注，那么，答案是肯定的，他们确实如此。他们试着为自己经历的痛苦吸引关注，或者他们不知道如何用别的方式表达自己的感觉，而我们的反应应该是要如何带着同情和支持去回应，而不是带着嘲讽和愤慨。同样，使用"操纵"这个词也是不可接受的，因为它排除了导致各种行为的动机的复杂性，关键是它也忽略了我们每个人每天都会操纵身边的人的事实。[14]我们为了达到特定目的而发出的所有言论、采取的所有做法都是操纵。因此无论冒不冒犯，给进行了自我伤害的人贴上这样的标签都是毫无意义的。

但语言问题是复杂的，这一点在布里斯托大学的普里安卡·帕德玛纳森（Prianka Padmanathan）及撒马利坦会*和诺丁汉大学的同事们最近进行的一项线上研究中就有所显示。[15] 他们询问人们，包括那些直接受到了自杀影响的人，问他们对自杀行为不同说法的感受，并评价了他们对每种说法的接受程度。结果很有意思，有些内容也相当让人惊讶。大部分人认为，"终结了他们的生命""死于自杀""结束了自己的生命"，是最"可接受的"，这倒也不出奇。被问到原因时，一些人表示他们认为这些说法更积极，因为它们反映了那个人"选择这么做（结束自己的生命）"这一事实，因此承认死去的那个人是有选择的，承认他做出了终结生命的决定。他们也认为这样的描述不是"太残忍"，而这一点，借用一个人的说法，"让她保持了人性"。相反，像"干掉了自己""成功自杀"和"完成了自杀"更容易被认为是无法接受的，因此最好不要使用。举个例子，大部分参与调查的人对"成功自杀"表示了厌恶，因为它主动地包装了自杀，显得过于麻木且会引发痛苦。

特别引人深思，也相当让人惊讶的是，人们在评价"实施自杀"时产生了分歧。有人认为它最可接受，有人则认为完全无法接受。那些认为可以接受的人，有些觉得这是对行为的准确描述，有些是因为它被广泛使用。有人不同意这个说法是因为它暗示着犯罪。

---

* 国际性自杀预防组织，起源于英国。

在所有被评价的说法中，"实施自杀"在接受度评分上存在的分歧最大。人们显然对这个说法的使用有着强烈的情感。自杀研究者认为，使用这个说法意味着谴责，一位自杀死者的家长却对此表达了愤怒。他感觉这实在政治正确得过了火，没人有权在他描述自己儿子死亡的时候纠正自己。当然，他的看法完全合理，强调了关于语言的问题是不简单的，所爱之人有权使用他们觉得舒服的任何语言。但是，考虑到某些人会有伤心的可能，我个人如今完全避免了使用"实施自杀"这个说法。的确，我会规律地见到失去了亲人的父母、伴侣和其他家庭成员，他们认为用这个说法是不尊重，是让人悲伤和让人羞耻的。一个女人，她丈夫结束了自己的生命，她最近告诉我，当她从新闻里，或者从自己身边某个人那里听到"实施自杀"这个说法时都会受到惊吓，并明确出现了生理反应。她不得不大口呼吸，但她承认："我并不真的知道是为什么，只是那听起来很残酷和冰冷。"因此，此处是本书中唯一出现这一说法的部分。无须赘言，不管你的立场如何，自杀这件事应该被谨慎，而且须充满同情地去对待。

感受自杀之痛

　　在继续讨论自杀和自杀企图的风险因素前，感受一下自杀之痛是有帮助的。在我的职业生涯里，失去了所爱之人的人们给我寄来过不少逝者的遗书，包括便条或者日记，这些经常是写于死前不久。这于我是巨大的荣幸，同时也是天大的责任。家庭成员希望这些私人文字能提供一扇窗户，好让我从中窥见，他们的子女或伴侣在结束自己生命前最后时刻的想法。有时候确实如此，这些文字非常清楚，充满细节；其他时候，它们并非如此，不过是列明了一系列像遗嘱的指示。同时，独立检视这些文字时，很难提取出任何一例自杀背后的复杂动机。但这些遗书大多是强有力的文件，传递了自杀的痛苦，以及经常出现在决定结束生命前的挫败感。[1]

下面是我几年前收到的一份遗书，是一个叫杰米的中年男子写的。遗书表达了他的失败感和他那种非黑即白的极端想法，而两者通常都是处于自杀状态的标志：

当你读到这个的时候，表明我已经活够了，我已经死了。你能看到我的生活像狗屎一样。我想不起最近有任何一天是顺利的，以及有任何人是真正关心我的。我是个失败者，什么事都做不对。我没有用。我被困住了。和[女朋友的名字]在一起时，我是真的开心，有生以来第一次！！我尽自己最大努力和她在一起，可我就是一坨屎，我还是失败了。她想要什么？我不知道怎么做，才能满足她。

很难不和杰米共情。我们都经历过一段恋爱关系破裂造成的痛苦，我们都曾在某些时候感到自己没用，是个失败者。显然，我们对杰米的过去、背景、心理健康，或者他生活中还发生了什么，都一无所知。想明白他经历的痛苦为何如此强烈，让他觉得自己的生活不值得过了，这是很难的。在他用到的"被困住"的表述中，也许有一个线索。正如我会在整本书中探讨的，我相信被无法忍受的痛苦困住是理解自杀的关键，因为我认为它是所有自杀路径的共同核心。

杰米的感情失败也凸显了一件事，我有时候称之为自杀的

"日常性"（everydayness）。我不是想要贬低自杀的驱动力。这个说法，是指让某人有自杀倾向的东西通常是每天发生的事情：日常的失败、日常的危机和日常的失去。人们通常认为自杀是不同寻常的，是发生在他人身上，而非自己身上的事情，但事实并非如此。对一些人来说，自杀是因为受到了霸凌，因为离婚，因为丢了工作；对有些人来说，则是因为失去了亲人，因为破产，因为感到羞耻，遭到了歧视，失去了救济或者生了病。它和我们如何应对造成压力的事件和情况有关，同时也关乎我们出生时拿到的那第一手牌。但重要的是，要记住自杀从来不是难以避免的。直到最后一刻，它都是可以预防的。

同样太过常见的是，当我和别人聊起自杀，特别是和那些没有直接经验的人聊自杀的时候，他们显然认为，自杀的人和自己是不一样的。他们仿佛相信只有特定的一种人才会自杀，而他们不是那种人——他们相信，因为某些原因，自己对自杀免疫。但他们没有免疫。我当然明白这种"他者化"，有意地同自杀拉开距离，也许有助于让他们觉得自己是受到保护的。但事实上这个观点并不正确，只会助长羞耻。自杀能影响我们中的任何一个人，并没有针对自杀的疫苗。的确有一些群体相比别人自杀风险更高，但有一个普遍的现象是，自杀既会影响女性，也会影响男性；既会影响年轻人，也会影响老年人；对黑人、白人、已婚人士和单身人士都一视同仁。[2]

从研究自杀的初期开始，我就一直对遗书充满了兴趣，因为尽管它们有局限，但仍为自杀的极端疼痛提供了独特视角。当我二十多岁刚开始博士研究，对自杀尚没有直接经验的时候，它们的确帮我理解了有自杀倾向而无法看到别的选项时是什么感觉。它们是极其私人的文件。在我读过的最早一批遗书中，有一封来自一个十六岁的男孩，他在距离自家不远的地方结束了生命。他的行为似乎是冲动的。他死前一直在喝酒，和妈妈吵了架，因为学校当天早些时候给她打了电话，说他和班里的某个同学打了架。这已经不是第一次了。他母亲和他对质，导致了一场非常激烈的争吵，然后他冲出了家门。当晚他没有回家，她出门去找他但没能找到。悲剧的是，几小时后警方找到了他，而他已经去世了。

阅读验尸官的调查档案时，我了解了这个男孩短暂的一生，了解了他充满创伤的童年、他面对毒品和酒精的挣扎，感觉我仿佛认识了他。那个夏天，在贝尔法斯特，我把全部时间花在了查看所有疑似自杀死亡的调查档案上，努力想找出这些自杀中的规律。看了这男孩的档案，让我想到他和我最小的弟弟差不多一样大，想到生命有多不公平，一股悲伤席卷了我。在贝尔法斯特壮观的法庭里，我坐在桌前，坐在验尸官的办公室里，翻阅着他妈妈、他的全科医生和他的社工的证词。我记得很清楚——当时我快看到档案的最后了，看到他的照片及遗书被一枚回形针别在一起的时候，我深深震惊了——那枚回形针是那么冰冷。男孩的遗书很短，但很直接。遗书以歪歪扭扭的笔迹淡淡地写道，他知道她（他的妈妈）会永远生他的气。一个人看不到情况会有转机时的状态，被称作隧道视觉（tunnel vision），这样的时刻在自杀遗书中，以及在关于自杀倾向更常见的交流中非常普遍。就是那句话。他存在的全部意义缩减到了那一句话上。那晚回到家后，我哭了。

对那封遗书的研究是我为自己的博士项目，而进行的一个关于自杀遗书更大研究项目的一部分。[3] 相较整个项目，那是个小研究，我通过分析这份自杀遗书，来对自杀个体进行心理侧写，包括对人们写下的不同主题内容进行编码。研究的预期是，如果能有更多细致的侧写，我们就能更好地鉴定出有自杀风险的人。尽管这已是二十多年前的分析，但其核心发现在今天依然有助于理解自杀。超过 90% 的遗书中，死去的人谈到了自己无法忍受的精神痛苦，以及他们对一种紧急且永恒的解决方式的渴望。其中一封遗书是一个叫戴夫的人写的，恰恰传递出了这种痛苦的强烈，还有想要消除这种痛苦的紧急：

> 我实在坚持不下去了，我受够了。
> 活着太痛苦了，没有我你会更好。
> 我的头要炸了，我想要它停摆。
> 我有过太多痛苦了。我实在是抱歉。我做不了。
> 我爱你，自杀和你无关。

戴夫去世时二十岁出头。和绝大部分自杀死亡的人一样，在死前的一年里，他没有接触过心理健康服务。[4]实际上，他从来没有接触过心理健康服务。尽管他在死前喝了酒，但并没有醉到那种程度。他有过一个长期女友，但这段关系在之前几个月里已经淡了。他最近还失去了很亲近的祖母，后者死于一场中风。去世前的几周，他的父母把他的情绪低落归咎于失去亲人上，同时也认为他因即将到来的大学考试感到紧张。尽管他告诉过他们自己睡得不是很好，但他们不知道他有恋爱方面的问题。

识别戴夫遗言的关键在于，他没有说想要结束自己的生命。正如我之前提到的，自杀通常不意味着寻死的欲望，而在于想结束无法忍受的精神痛苦。戴夫在精神上筋疲力尽了。失去祖母的痛苦、恋爱方面的问题和对考试的担忧，这些因他的睡眠困难而雪上加霜。优质的睡眠对于健康的生活至关重要。[5]糟糕的睡眠让清晰思考、应对生活障碍、看见不同的选择、从多个角度看事情以及管理情绪都变得困难得多。

我们永远不应该忽视睡眠对健康的重要性。正如戴夫的故事所强调的，睡眠紊乱是公认和自杀念头及行为有关的风险因素。举个例子，在一项由玛丽·海辛（Mari Hysing）和伯厄·西韦特森主导的，对挪威一万名未成年人的调查中，我们发现了睡眠和自我伤害之间的一种明确的剂量反应关系（dose-response relationship）。[6]

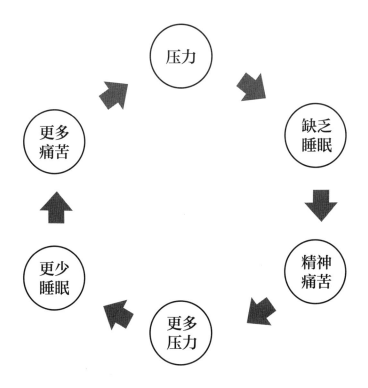

　　睡眠问题越多，自我伤害的频率越高。最近几年，已经发表了大量睡眠紊乱和所有种类自杀行为之间关系的综述。[7] 它们都得出了同样的结论：睡眠紊乱和自杀及自我伤害风险有关，因为它会导致精神障碍和冲动，也会影响决策和情绪管理。

　　在压力和精神痛苦的驱使下，人们很容易陷入消极思想的破坏性恶性循环中。

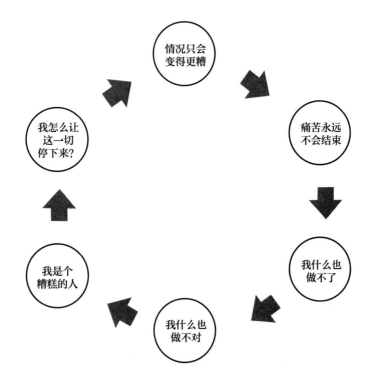

对某些人来说，这些循环会不断升级，直到自杀似乎成了一种选择，甚至是唯一选择，是终极解决方式。现代自杀研究的创始人之一埃德温·施耐德曼（Edwin Shneidman）说过，自杀被当作一劳永逸的解决问题的方法，尽管这些问题通常是临时性的。[8]他非常正确，戴夫的故事显然就是符合这个描述的典型例子。在说"我的头要炸了，我想要它停摆。我有过太多痛苦了"时，戴夫清楚地表达出了他的痛苦那让人崩溃的本质。所以如果我们试着理解是什么导致了某人自杀，我们应该想想他的痛苦——对很多人来说，这种痛苦也许是隐藏的。

在无法看到痛苦的终点时，在感觉被困住没有出路时，人们会尝试自杀或者结束自己的生命。[9]和生理疼痛一样，我们所能承受的精神痛苦也是有限的，一旦到了极限，我们就不得不放弃一些东西——悲伤的是，对太多人来说，他们放弃的是生命。戴夫的话，"没有我你会更好"也很能说明问题。很多有自杀倾向的人认为自己是别人的负担，如果杀了自己，那所爱之人会过得更好。所以，与把自杀视作一种自私的行为相矛盾的是，这个被痛苦吞噬的人脑中所思所想可能刚好相反：他们觉得自己是在帮所爱之人的忙。

不久前我去伦敦做了一次演讲之后，一位失去了女儿的母亲寄给我她女儿简的遗书，希望对我的研究有所帮助。简去世时三十四岁。这又是一份让人不忍卒读的遗书。和戴夫、杰米一样，简在她的遗书中的一段里表达了自己的痛苦，但这一次她的精神痛苦是伴随着身体疼痛的。她写道：

> ……我受够了这些痛苦，我再也无法继续活下去了。我最近从活着中获得的唯一乐趣就是遛本尼（宠物狗），而现在我的身体过于疼痛，我连那个都没法做了。已经没有我能够做的事了。我只需要从这些痛苦中解脱，我实在想不到任何别的办法了。我的生活太没有意义，太空虚了。

当简说"我受够了这些痛苦"，并在后面补充说"我只需要从这些痛苦中解脱"时，她的痛苦之深是不言而喻的。她的感受

36

十分契合我们一项研究的结果，这项研究由凯特琳娜·卡瓦利多（Katerina Kavalidou）主导，研究发现生理疼痛和精神痛苦都和自杀念头有关。[10]当表示面对痛苦自己毫无办法时，简的彻底无助感显而易见。类似地，她也表示无法看见一个没有痛苦的未来。她的隧道视觉和将自杀视作"我实在想不到任何别的办法了"都仿佛是自杀心理的"名片"。渗透在三份遗书字里行间的共同主题是被困：杰米、戴夫和简都被痛苦困住了，他们的死亡是被想要摆脱"被困"这一吞噬一切的愿望所驱动的。在这些案例中，你会看到一个反复出现的主题：自杀和被困是不可分割的。我会在第六章里聊更多关于被困的内容（见第 78 页）。

我还被简的最后一句话震惊到了。对我来说，那是一句对我们所有人的号召。我们都有职责、有责任，作为社会整体来尽我们所能，让身边的人不会感到这样的空虚和无意义，不会感到如此脱节，以致将自杀当作获得自由的唯一方式。

社会联结的重要性

人类学家和社会学家曾把自杀数据定义为社会"病症"的指标。[11]尽管我不会用病症这个说法，但我认为这些社会科学家说到了点子上。自杀是对社会的严厉声讨。在我们生活的世界里，有那么多人同杰米、戴夫和简一样，除了结束自己的生命，看不到别的出路，这是无法接受的。他们的死亡往往是被加了速的，因为他们认为自己不被重视，没有价值。我是在 2020 年世界自杀预防日（WSPD）写下的这个部分，这一天，会对每一年关于全球提升对自杀及自杀预防的认知，以及研究者所付出的努力进行一个总结。在国际自杀预防协会（IASP）的支持下，世界自杀预防日定在了每年的 9 月 10 日，定期提醒我们所面对的挑战拥有怎样的规模。哪怕我是世界自杀预防日的坚定支持者，我们也必须记住它只是一年中的一天，而自杀预防的努力是需要一天二十四小时，一周七天，一年三百六十五天，以及年复一年付出的。

回到被重视和有价值这一点上，2020 年世界自杀预防日的主题是"携手防止自杀"，作为当天活动中的一项，国际自杀预防协会拍摄了一部名为《更近一步》（*Step Closer*）的短片。[12] 短片发人深思，道明了人际联结的重要性。它的信息很简单：鼓励我们所有人都更近一步，建立联结；意识到通过和他人建立联结，或者重新建立联结，我们能够拯救生命。

短片的开篇就点明了我们都能在预防自杀中起到作用。它用一个简单动作蕴含的力量表达出了这一点——微笑。在灰暗的背景中，旁白以富于同情心的声音庄重地说道：

> 一个小小的微笑对你我不算什么……
>
> 但对一个想着自杀的人……
>
> 它可以是迈向生存的第一步。

这个观点是如此准确。微笑是极其有力的。它是对我们真实存在的承认，承认我们受到了其他人的充分重视，承认我们值得一个微笑。你也许很难想象微笑或者其他有关人性、同情、温暖或者友善的微小行动是强有力的，但它们的确如此，对那些被压垮的、感觉自己没有价值并对周围人造成了负担的人尤其如此。它们能拯救生命，就是字面意思上的拯救生命。当然，自杀预防所需的比一个微笑要多得多，但我这里的意思是社会联结是拯救生命的积木之一。

今年之前，我的一个朋友瑞恩的确陷入挣扎——很多年来，他时不时就会产生自杀念头。然而，当这些念头受到一起个人危机的刺激，在某个下午再度沉渣泛起时，所有事情都让他不堪重负，他脑袋里的弦就那么崩断了。他被无法承受的自我厌弃席卷，"半下决心"要一了百了。所以瑞恩离开了所居的公寓，想要从脑子里摒弃与任何人的个人联结，试图想出接下来要做什么，要不要结束这一切。尽管他一开始不确定，但他明白自己再也不会回来了。他处在混乱中，感受着生与死的矛盾拉扯。他晃荡着走过了一个公园，不确定要去哪里。他迷失在纷繁的思绪中，思考着最糟糕的情况。面对吞噬了他好几周的危机，他感到筋疲力尽，认定活着是那么痛苦和不真实。但随后，仿佛是从天而降的，瑞恩转过了一个街角，几乎就撞进了一个熟人的怀中。那是个他只打过招呼的人，他们之前从来没有好好聊过天，但他们每天上班通勤时都习惯穿过这个公园。随着他们靠近彼此，她微微一笑，之后，随着她更近一步，她的微笑消失了，被看起来像是担忧的表情取代了。

"嗨，抱歉，你还好吗？"他们交会时她问道。

太出乎意料了。瑞恩不知道怎么回答，所以他匆匆嘟囔道："嗯，我很好，谢谢。"然后他迅速走开了。

尽管他们只是几句对话，但瑞恩把这次相遇记得非常清楚。她的微笑，她脸上的担忧，她语气里的温暖——都在短短几个词和几个动作里传递了过来。这让他停了下来，开始思考："天哪，她好像真在担心我。"在感到特别脆弱的那一刻，他暂时不想着自杀了。这件事给了他反思的理由，于是他在回家后给一个好友发了消息，说他面临着危机，而这个朋友鼓励他去看自己的全科医生。正如我会在第三部分中讨论的，任何打断自杀念头的东西都会给人重新思考生死抉择的机会。

对瑞恩来说，这次相遇是阴影中的一点光亮。它帮他意识到生活也许终究是值得一过的，也意识到他的确是重要的。微笑是这么简单的一件事，除了微笑需要动用比皱眉更少的肌肉这一事实外，也请试着记住它是能够拯救生命的。

厘清错误观念

　　二十年前，除了耸人听闻的一些头条新闻之外，自杀不仅少见于报端，也不会在家庭、社区，或者职场中被公开和频繁地讨论。每当说起自杀，人们都压低了声音。可以说，有意义的公共或私人讨论的缺席，助长了自杀的羞耻感，也强化了很多关于自杀的错误观念。的确，这些错误观念在我看来，比如"询问有关自杀的问题会把这个想法植入对方的脑海"，继续不被验证地推广着，直到最近它们才在主流媒体以及其他地方，以有意义的方式受到了质疑。

　　过去几年里，在挑战这些错误观念方面，我们已经向前迈出了相当大的步子，但我仍不断被它们的顽固程度震惊到。举个例子，20世纪90年代末我在贝尔法斯特做了第一次关于自杀的公开演讲。在演讲中，我列举了自己从关于自杀的典型文章中搜集来的片段，尤其是十四个常见错误观念。在演讲后的提问环节，我和观众轮流讨论了每一个错误观念，检视了是谁怀着何种错误观念及其原因。我很快就明确了观众中的大部分人都抱持大部分的错误观念。当我问他们是在哪儿看到这些错误观念的文字时，答案通常是听说，要么是在和朋友或家人聊天时得知的，要么是从电视上看到的，或是从报纸杂志上读到（没人提到互联网，因为当时互联网还在萌芽阶段）。

现在，快进入 2019 年了。我在英国做过几场演讲，和多年前在贝尔法斯特做的那场类似，这一次的观众也包含了普通大众。已经有几年没在演讲中讨论过错误观念的我，这一次又把"关于自杀的错误观念"放进幻灯片里，看看我们在摒除它们上是否取得了进步。我没对文字进行大幅调整，也沿用了和从前一样的方式：我们依次讨论了这些错误观念，形式是我问观众认为哪些观念是对的，以及为什么。尽管直接对比显得有点不公平，但从讨论中可以清楚看到，虽然从 20 世纪 90 年代至今，关于自杀的公共讨论已经有了巨大的进步，但绝大部分的错误观念还继续存在着。在消除这些延续了几代人的关于自杀的错误观念方面，我们还有很长的路要走。

我在下面列出了这些错误观念，没有特定的顺序。为什么不依次看看每个错误观念，问问自己是不是也认为它们是对的呢？我保证其中至少有一些被你认为是事实。随后我会带你依次分析每一个错误观念，解释它们为什么是错的，以及为什么有一些相比其他观念，错得不是那么明显。

关于自杀的错误观念

1. 那些谈论自杀的人没有自杀风险

2. 所有有自杀倾向的人都是抑郁的，或者患有心理疾病

3. 自杀没有预兆

4. 询问自杀会把这个想法"植入"对方的脑子里

5. 有自杀倾向的人显然是想要寻死的

6. 当人产生了自杀倾向后，他将一直有自杀倾向

7. 自杀会遗传

8. 自杀行为的动机是获取关注

9. 自杀是由单一因素导致的

10. 自杀无法预防

11. 只有特定社会阶层的人会自杀

12. 情绪的改善意味着更低的自杀风险

13. 考虑自杀是罕见的行为

14. 以低致命方式企图自杀意味着并不是真的想要自杀

那些谈论自杀的人没有自杀风险

第一个错误观念就深植在这样的一个看法里，即如果某人意

图结束自己的生命，那么他们最不会做的事情就是告诉任何人自己在考虑自杀。这是错误的，忽视了自杀动机的复杂性，以及自杀念头和自杀冲动所具有的矛盾、摇摆的本质。[1] 通过谈论自杀，人们也可能是在寻求帮助。悲伤的是，我已经数不清人们有多少次就这一点来问我了，他们都确信这个错误观念是对的。

这么多年来，我听过了太多令人心碎的故事，故事里的母亲、父亲、伴侣或者朋友因为一个"事实"而以为自己所爱之人是安全的，就因为他们公开谈论自己的自杀冲动。他们被这个错误观念欺骗，打消了疑虑。但令人崩溃的是，在很多情况下，他们所爱之人的确结束了自己的生命。

这个错误观念非常普遍，因为我会从全科医生及心理健康专业人员那里听到类似的事；他们要么也有着这样的观念，要么因为自杀失去了患者或来访者。估计数据各不相同，然而现实是，死于自杀的十个人中至少有四个人在真正自杀前曾对人说起过想要结束自己的生命。[2] 有时候这样的对话转瞬即逝，有时候它们是有一定深度的，有时候它们表达的是疲于活着，有时候更直接，明确表达出想结束自己生命的欲望。

建议很简单：无论对话的本质如何，严肃对待每一个自杀言论。直接且富有同情心地询问，然后探查是什么驱使着他产生自杀的念头，和这个人一起保护他的安全。如果你认为自己没法保证某人的安全，一定要联系医疗专家或者急救服务。在第三章和第四章里，我提供了一些询问自杀以及守护安全的实践指南。

所有有自杀倾向的人都是抑郁的，或者患有心理疾病

尽管研究常说,90%死于自杀的人是抑郁的，或者患有心理疾病，但也有不断增加的认识指出，这个比例也许被高估了。³没错，有人甚至质疑过这个数据的合理性，称其是自杀研究中所谓的既成事实。⁴无论如何，暂且不论对两者相关程度的争议，大部分人确实赞同自杀通常发生在当事人存在心理疾病的背景下。最常和自杀联系在一起的心理疾病，无疑是重度抑郁症、精神分裂症、双相情感障碍和药物成瘾。⁵然而，心理疾病既不是自杀的先决条件，也不是自杀的充分理由，我们需要考虑得比它更深远；甚至当心理疾病是自杀风险的完美风暴的一部分时，它也没法单独解释为什么一个特定的个体会死于自杀。⁶值得注意的是，自杀频繁发生在身处社会弱势地位的人身上，通常与突然的打击，或造成了压力的生活事件有关，也有可能是冲动行事；而在这些情况下，也许没有证据证明当事人存在心理疾病。

自杀没有预兆

我认为第三个错误观念很难辩驳，因为尽管自杀确有预兆（比如厘清个人事务），但在我们日常生活的忙碌中，它们通常难以察觉。当然，等到我们失去了所爱之人后再回头来看，自杀的

预兆会变得非常明显。让事情更复杂的是，很多把个人事务厘清了的人完全没有想着要自杀。同时，对小部分人来说，自杀不会有任何预兆。如果你在关心着某个每天都有自杀念头的人，识别出预兆甚至更加困难。在这样的情况下，关键不在于鉴别出谁有风险，而是要确定所爱之人极其脆弱的时刻。我们要尝试确定出被埃德温·施耐德曼形容为"赴死之日"的时刻——某人会结束自己生命的那一天。[7]然而令人悲伤的事实是，不论自杀是否有预兆，我们预判的机会都十分渺茫。[8]无论如何，这一点依然被留在了错误观念的名单上，因为尽管难以发现，自杀确有预兆（见第172页）。

询问自杀会把这个想法"植入"对方的脑子里

在我的职业生涯中，这个错误观念是我被问到最多的。所以，我就开门见山地说了：没有证据表明询问某人是否有自杀倾向会把这个想法植入对方的脑子里。除此之外，这么做甚至会有相反的、保护性的效果。几年前，伦敦大学国王学院的研究人员综述了研究目的为询问自杀是否会引发自杀念头的所有研究，研究对象包括了成年人、未成年人，既有一般大众，也有临床患者。[9]他们的发现是明确的：询问自杀不会增加自杀念头，实际上还可能与减少自杀念头及改善心理健康相关。

简而言之，如果你在担心某个人，请直接问他是否在想着自杀。这能帮他获得所需的帮助，并有可能拯救他的生命。谈论自杀也许还能让人们有机会考量一下自己的选择，重新思考结束自己生命的这个决定。当然，正如上述内容，问这个问题是困难且让人害怕的，所以我也提供了这么做的方法，参考的是最佳的实践经验，详见第十一章。

有自杀倾向的人显然是想要寻死的

不，他们不想。反驳这个错误的观念是我开始自己的研究生涯时，关于自杀念头所学到的最早内容之一。博士研究的第一年，我贪婪地吸收着自己所能找到的埃德温·施耐德曼所著的一切。他是美国自杀学协会的创始人之一，也是理解自杀念头的先驱。在他的开创性著作《自杀的定义》（*Definition of Suicide*，1985）中，我记得第一次读到了他的"自杀的十个共性"，了解到了关于自杀的错误观念。[10] 施耐德曼提出的自杀的第六个共性（即共同点）和此处非常相关，因为它表示："自杀者常见的认知状态是矛盾的心理。"换句话说，矛盾心理是有自杀念头的人的关键心理。这一点太对了，但凡有自杀倾向的人，经常在想活和想死之间徘徊。对一些人来说，这个循环几乎是瞬时的，这一分钟想要活着，下一分钟就想死，再过几分钟，又想活了。对其他人来说，这个循环可能以小时或者以天计。

自杀未遂而幸存下来的人常表示有过这样的矛盾心理，既有想活的渴望，也有赴死的渴求。对一些人来说，他们一尝试自杀，求生本能就会迸发。凯文·海因斯是跳下旧金山金门大桥后侥幸生还的少数人之一，他经常说起自己在跳桥瞬间就后悔了。[11] 描述自己的自杀企图时，他清晰地复述了手离开栏杆的那一毫秒，就立刻意识到自己犯下了生命中最大的错误。尽管受了骇人的重伤，但他活了下来，如今是美国主要的心理健康活动家之一。

其他人情况则不一样，比如阿米尔，他是我几年前见过的一个六十多岁的人，他从多次自杀尝试中幸存了下来。他发现难以弄明白自己想死和想活的分界线，因为他经常同时体会到两种想法。他还认为，对他来说自己的自杀尝试同筋疲力尽，以及不堪重负更有关。他只想要"脑子里的噪音"停止，他认为是永不停止的、认为自己毫无价值的想法，导致了他处于要不要活下去的矛盾心理中。此外，他每次企图自杀的经历和矛盾心理也不尽相同。

第一次企图自杀时，阿米尔才二十多岁，尝试自杀的当晚喝了很多酒，他的矛盾心理和一段长期的亲密关系——"他的此生挚爱"——突然结束有关。女朋友离开他的时候，他崩溃了，无法看到自己正经受的悲痛情绪之外的东西。他的矛盾心理让他相信再也找不到爱情了，所以想着不如死了算了，因为除非能找到与之共享的人，否则生活不值得一过。他记得尝试自杀后的第二天早上在医院里醒来，昏昏沉沉，但确信了自己并不想死，那只是一次意外的药物滥用。但他现在承认那是个谎言，那一次的那一刻他是想死的。等阿米尔年纪日长，每当有自杀倾向时，主要想法和想死或者想活关系不大，更多是想让痛苦停止。他依然矛盾，但如今他的矛盾是关乎自己的，他痴迷思考自己值不值得活下去。

　　当然，对那些已经结束了自己生命的人，我们永远也不能确定他们当时是否不再矛盾，只是执意对生活感到过于疲惫，以至于真的想死。

当人产生了自杀倾向后，他将一直有自杀倾向

　　对大部分人来说，自杀风险通常是短期的，和特定情况有关，通常还涉及人际关系中的危机。对一些人来说，自杀的念头也许会回来，但绝大部分人会完全康复，再也不会企图自杀。这让我想起了五十多岁的戴尔，在三个月里多次企图自杀后，他参加了我们的某项临床试验。这可以理解，他和家人担心情况永远都不会变好了，担心他会长期怀有自杀倾向。谢天谢地的是，当我们为了后续的一项研究，再和他联系的时候，他情况还真是不错。他开始针对抑郁症状服用药物，也在看心理医生，后者帮他厘清了关于自我评价和无价值感的挣扎。正如他对我们说的："我回想起之前那么多个月里体会到的深深绝望，当时我就是找不到出路，或者任何能结束我自杀念头的办法。"但现在他睡得好多了，感觉掌控了自己的生活，已经有好几个月没有过自杀念头了。

　　如果你有所爱之人正身处自杀危机，而你害怕情况将永远不会好转，那现在你可以大大松一口气了：他们不仅会好转，他们也能好转。但伸出援手很重要，这样你所爱之人才会获得他需要的帮助。

自杀会遗传

这又是一个更加模糊的错误观念。一方面，这显然是个错误观念，因为结束自己生命的行为，首先是一个行为，而行为无法继承。

无论如何，自杀的风险在一定程度上和基因有关，因此自杀风险在一定程度上是继承而来的。事实上，针对双胞胎和收养研究的某些估计表明，自杀的遗传商数为 30% ～ 50%，但如果把心理疾病考虑在内，遗传商数会略低一些。[12] 遗传商数是指可由遗传因素解释的特定特征（这里指自杀）变异的百分比。

我认为在讨论自杀和遗传的关系时，更准确的说法是自杀风险会遗传，而不是自杀本身。

自杀行为的动机是获取关注

尽管近年来对自杀去污名化取得了进展，但我听到人们说起这个错误观念时，还是会非常不悦。人们往往用贬义词描述自杀行为和自我伤害的行为，在"获取关注"前常常加上"只不过"和"就是"：举个例子，"她（女性被这种方式羞辱更加常见）又划伤了自己，她就是在寻求关注；如果她铁了心要杀死自己，那她早就做了"。当然，有自杀倾向的个体是在努力为自己的痛苦而执着关注，也许他们的确把自我伤害的行为，视作唯一能获得关注的方式。但这不是那些语带轻蔑的人所说的"寻求关注"。这是痛苦的标志，通常不是寻求关注的标志。想象一下，一个个体正在经历的痛苦严重到了他会把伤害自己作为控制或者减轻这种痛苦的方法。每一个自我伤害的行为，无论动机如何，都需要被严肃对待，都值得一种富于同情和人性化的回应。

　　大概十年前，我长期的合作者和朋友，苏珊·拉斯马森（Susan Rasmussen）和基思·霍顿（Keith Hawton）同我一起进行了生活方式与健康研究（Lifestyle and Wellbeing Study），一项涵盖了苏格兰和北爱尔兰未成年人的大型调查。[13]我们匿名询问了超过 5500 名 15～16 岁的未成年人，问他们过去是否有过自我伤害的行为，如果有，为什么会那么做。结果让人担忧，至少 10% 的年轻人告诉我们至少进行过一次自我伤害，大部分发生在过去的十二个月里。这个发现和国际上其他研究的结果一致。[14]当我们询问动机时，他们的回答清楚明白且内容丰富，描绘出了自我伤害背后的复杂动机。下面是四个刻在了我脑子里的不同答案，它们之所以重要，是因为它们强调了自我伤害——无论动机如何，是对痛苦的展示；比起轻蔑和斥责，需要的是帮助和支持。前两个回答来自两个十五岁的少年，表现出对很多人来说自我伤害是一种控制情绪的方式：

　　"把我从折磨和痛苦中解放出来。"

　　"把我心头的痛转移到手臂上。"

　　接下来的两个回答也非常有冲击力：

"生理的痛苦盖过了精神的痛苦。"

"逃不开。我只是不想再活下去了。"

当我第一次读到上述回答时，我真的被触动了；我怎么也无法摆脱这些少年们找不到别的方式来控制精神痛苦的想法。想到这些年轻人不得不靠自我伤害来缓解痛苦就让我心碎。我认为，这些回答充分说明，我们的健康既包含生理健康，也包含了精神健康，且它们是不能被分割的。没有身体就没有精神，没有精神也就没有身体。

自杀是由单一因素导致的

毫无疑问，自杀不是由单一因素导致的。相反，自杀是一系列因素形成的完美风暴的结果。正如我已经说过的，这些因素可以是生理的、心理的、临床的、社会或文化的，且很多因素都是隐藏的。[15] 当从外往里看的时候，自杀似乎是由一个单一事件或者因素导致的，但这通常不是原因。

以 2020 年 2 月英国电视节目主持人卡罗琳·弗拉克的悲剧性自杀为例，当时这一事件在英国和英国之外都吸引到了众多的媒体报道。如果你听大部分主流媒体的报道，你会相信卡罗琳受到的对待是导致她在四十岁时早逝的唯一原因。如果不是媒体的错，那就是英国皇家检察署的错。真相是我们中没有人能确定在死前的几小时或几分钟里，卡罗琳脑子里想着什么，但可以确定的是，她的早逝是一个可能由多个不为外人所知的因素所导致的个人悲剧。把自杀归咎于一个单一原因对谁都没有益处，对那些最具有自杀风险的人或者那些因悲剧而被留在世上的人尤其如此。

自杀无法预防

这是个复杂的错误观念。在国家层面，自杀是可以预防的，但很难做到。[16] 举个例子，如果我们查看各国以及各个时代的自杀率的长期趋势，全世界的自杀率一直在下降。从统计的角度，我们倾向于看标准化死亡率*。华盛顿大学的穆赫辛·纳加维（Mohsen Naghavi）一项近期的研究显示，1990 年到 2016 年之间，全球的标准化死亡率下降了三分之一。[17] 这真是个好消息！的确，苏格兰就是个好例子，作为一个国家，直到最近自杀率都在下降。到 2018 年为止的十年里，自杀率逐年下降，累计下降了 20%。[18] 所以在国家层面，这意味着自杀是可以预防的。但是，困难在于不清楚是什么导致了这种下降，且在个体层面上预防自杀，则是众所周知的困难。

无论在国家层面的下降有何原因，在个人层面预防自杀更具挑战。正如我说过的，我们在预测谁会自杀上，不比碰运气猜来得更准确。[19] 哪怕在理解风险和保护措施上取得了进步，在个人层

---

* age-standardised mortality rates，按标准人口年龄构成计算的死亡率。——译注

面预防自杀的挑战依然存在；我们不仅要努力鉴别出谁最有可能结束自己的生命，还需要清楚他们会在何时何地这么做。

只有特定社会阶层的人会自杀

自杀不会尊敬特定的社会阶层。任何人，无论身处何种社会阶层，都可能自杀。这个错误观念出现的原因在于，相比那些更富足的人，出身更弱势背景的人的自杀率要更高。我们经常讨论不平等导致的社会经济梯度，在自杀中，这种梯度非常陡峭。在英国，相比社会最上层的人，社会最底层的自杀概率要高出 3 倍。正如我之前说过的，自杀是不平等和不公平令人心碎的案例，说明了采取公共卫生的方式预防自杀的重要性。[20]

情绪的改善意味着更低的自杀风险

下一个错误观念充满了悲伤，因为我已经见过太多因为自杀而痛失所爱的人，他们曾错误地放下了担心，就因为所爱之人在去世前几天有了情绪改善。他们充满了愧疚，认为自己"放下了防备"，辜负了自己所爱的人。当然，我能理解为什么家庭成员或者亲密好友会有这样的感觉，但重要的是要记住，即使事后再看，我们也可能没法拯救他人的生命。

不要听信任何说情绪改善意味着降低自杀风险的人。这不仅是一个错误观念，也可能是完全不正确的，情况甚至相反。情绪的改善似乎和自杀风险的上升有关。逻辑如下：当某人处在抑郁中（举个例子），被痛苦淹没时，他们经常没有精力或者动力去设计并执行一个自杀计划。但是，如果他们认定自杀是结束痛苦的方式，那他们的情绪就有可能改善，因为他们相信已经找到了问题的解决方式——自杀成了结束痛苦的终极解决方案。这里的连锁反应在于，随着他们情绪改善，他们有了情绪和认知上的能力来计划和执行自杀行为。然而，如果对情绪的改善有合理的解释，就会让人放松，让人没有理由再保持警觉了。举个例子，一个个体的情绪也许会改善，原因是他们解决了自己的危机，或者他们服用的药物或接受的心理治疗正在起效。在这样的情况下，情绪的改善是可以理解并受欢迎的，但依然不能保证这个人是安全的。

我们通常的建议是，如果一个有自杀风险者的情绪无法解释地改善了，那也许就有了需要担心的理由，建议进行进一步的探究或者支持。多年来同临床医生们的对话，也明确了摒弃这个错误观念的重要性，因为精神病专家和心理医生均报告了一些悲剧案例，某些患者在去世前几天、几周里显得更配合治疗，治疗效果也更令人满意。

考虑自杀是罕见的行为

悲伤的是，这是不对的。根据研究和人口总数，自杀念头产生的普遍程度有非常大的不同。在世界精神卫生调查中，全球

3%～16% 的成年人表示在生命中的某个阶段有过自杀念头。[21] 这里不是指消极的念头，比如"我太累了，我想要睡过去再也不起来"；我说的是想要结束自己生命的主动想法。举个例子，作为苏格兰公民健康研究的一部分，在评估 3500 多名年轻成人（18～34 岁）的自杀念头时，我们问："你是否认真考虑过结束生命，但没有真正执行过？"收到的回答凸显了危险的严峻程度：超 20% 的人报告说在生命中的某个阶段有过自杀念头，其中 10% 的人在过去十二个月里考虑过自杀。[22] 如果仅仅聚焦年轻人，那有自杀念头的比例要更高，因为较年长的成人报告中，有自杀念头的比例通常更低。

以低致命方式企图自杀意味着并不是真的想要自杀

这个错误观念在一定程度上和寻求关注的错误观念有关。这个想法是指，如果某人真想要结束自己的生命，那他们会"好好做"，选一种真正致命的方式，而不是所谓的低致命方式。这里暗示的是，低致命程度的自我伤害行为应该被驳斥为"寻求关注"。这是个错误的观念——每一个自杀行为都应该被严肃对待，我们不应该以一次自杀企图所表现出的致命程度来推断是否确实缺少自杀意愿。有时候人们认为，相比过量用药，割腕没那么致命。确实，我和很多人一样曾持有这样的观点，即那些过量用药而被送医的人，相比那些因割腕而被送医的人，更可能在未来死于自杀。这一点直到牛津大学的基思·霍顿及同事们发表了一项研究，显示出了相反的结论后，才被打破。英国自我伤害的多中心研究（Multicentre Study of Self-harm）的数据发现在 10 ～ 18 岁的个体中，相比那些因为过量用药而在医院接受治疗的人，因割腕而送医的人，更可能在未来几年里死于自杀。[23]

简而言之，关键信息是：每一次自杀行为或自我伤害行为，都要被严肃对待。

PART 2

与其说是寻死，
不如说是想结束痛苦

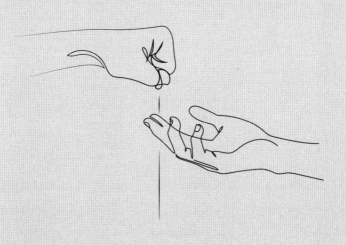

我们很难对那些有严重自杀倾向的人感同身受。哪怕研究了这么多年自杀，我还是会时不时觉得自杀的个人代价是完全无法估算的，为此我担心那些正在挣扎求生的人。但即使在这些最困难的时刻，我都试着不要忽视一个事实，即自杀是被精神痛苦驱动的。

　　不管原因多么复杂，自杀是想要结束无法忍受的痛苦，尽管是以一种永久性的方式。

人们为什么自杀？

当自杀者家人或其他悲痛的人联系我时，他们通常想知道的是：为什么？为什么他们所爱之人结束了自己的生命？为什么他们没能预先感知到，或者，为什么即使他们提前知道了，却无法阻止呢？这些电子邮件、信件、来电，都是关于逝去的生命的故事，是母亲、父亲、朋友、儿女、兄弟、姐妹的痛苦，是如此私人的感受，独一无二，但又常常如此相似。有人依然身处震惊之中，因生命的消逝而痛彻心扉；有人则满怀愤怒，抑或疑惑不解。所有人都在绞尽脑汁，试图理解他们面对的悲剧。他们有的是在网络搜索中找到了我的名字，有的曾听过我关于自杀的演讲，有的读到了我的一篇学术论文，因而联系了我。

第一次被这样的方式联系上，是我快三十岁的时候。一开始我手忙脚乱，不确定要如何回复对方。那是一封手写的信，寄到了我大学的地址，询问我是否可以给他们打个电话。"他们"是一对父母，几周前失去了儿子丹尼尔。丹尼尔是他们的独子，没有抑郁的病史，他的死是突如其来的，"完全不是他的性格"。信里没有电子邮件的地址，只有一个电话号码。他们读到了我写的一些文章，感受到共鸣，所以联系上了我。那是 2000 年，我正在与冒名顶替综合征*缠斗。我拥有第一份讲师职务刚几年，还在努力成为一名能独立（开展研究）的研究者。当时我还是个新人，只发表过博士论文，不觉得自己在自杀预防研究的世界里，业已占有一席之地。那时候，我在想："理解自杀行为？我真能理解什么吗？""我对自杀的研究不过是聊胜于无。""他们最好找别人。"类似的自我批评一直在我脑子里重复着。

因此，我回复这封信时自然十分犹豫，发自内心地感到困惑。一方面是觉得自己力不能及，不知道能说些什么，尤其担心我会说错话，或者给他们的悲伤雪上加霜；另一方面，我实际上也不知道要怎么打这通电话。什么时间适合打电话？如果他们接了，我要说些什么？我怎么知道他们是不是方便说话呢？我为这通电话进行了几次角色扮演，但就是不满意，所以延迟了几天回复。我还不知道要如何在不显得冷漠的前提下去沟通清楚，同时

---

* Impostor syndrome，一种常见于成功人士的心理状态，表现为认为自己配不上目前拥有的成就，或觉得自己不如大家认为的那样聪明、有能力。

守住边界。我不是心理医生，只是一名研究人员，而且从来没见过丹尼尔，我肯定没法告诉他父母为什么他做出了结束生命的终极决定。我的担忧和所有面临自杀风险的人一样，他们也要同某些自己不一定很熟悉的人提起关于自杀的话题——我担心自己会说出什么让情况更糟糕的话。

但即使那样，我也已经见过了足够多的人因自杀而失去所爱之人，明白有机会谈论一下这些逝者，哪怕仅仅能瞥见自杀心理中不为人知的暗处，都是有益的。生而为人，我们难以忍受不确定、未知和模糊，会耗费一生去避免它们。自杀不仅充满了数不清的未知，还有很多不可知。让人难以忍受的是，自杀唯一的确定性，唯一的已知，是你所爱之人已经走了，且他们永远不会回来。除此以外一切都不确定，都是让人困惑的。我们不可能知道在那最后的几分钟里，一个人的脑子里发生了什么。他们有没有改主意，但太迟了？他们认为没有人关心自己吗？这些都是真正可怕的问题。但现实是，在那个决定时刻，那个人的心理状态是不可知的。

在自杀发生后追寻答案是最恐怖的悖论。结果是如此的确定，但原因，死前的几分钟、几小时却往往隐秘难知。

2008 年克莱尔去世时，我被迫第一次面对了自杀造成的个人损失，对答案的索求让人筋疲力尽，感觉棘手不已又痛苦万分。比起世界上的一切，你只是想要哪怕五分钟的时间和所爱之人共处，问问为什么他们不能坚持下去了，为什么不能面对人生了。

你回想了过去所有对话，为自己能做的、应该做过的事情而折磨自己。一连几天，我都在仔细研究从克莱尔那里收到的每一封邮件以及我的回复，看看我能否做出不同的回应。

当我打去电话时，丹尼尔父母都在家，正处在极端的痛苦中。自从丹尼尔死后，他们几乎无法离开家门，精神受到了创伤，心碎麻木。他们一直在回想丹尼尔的人生，回顾每一个重要的里程碑，每一次成功和失败。丹尼尔没有留下遗书。尽管他没有抑郁病史，但他是 20 世纪 90 年代早期经济衰退的受害者，在 1991 年失去了自己的"理想工作"。尤其是他母亲，认为他在那之后就再也不一样了。去世时他刚三十岁出头，在死前三年中他还丢掉了另外两份工作，结束了长期的亲密关系。他一直在酗酒，按照他母亲的说法，变成了之前那个自己的残骸。但丹尼尔从来没有说过任何自己很绝望或者要自杀的话，他对未来相当乐观，因此他父母没有过度担心。然后，他们某天晚上和朋友聚餐结束回到家时，发现了已经没了呼吸的儿子。和那么多家庭一样，他们无法锁定一个具体的终极诱因，或者找到"压垮骆驼的最后一根稻草"。

他们无法理解为什么，又为什么会在那个时候。丹尼尔死后几周里，老夫妻通过自己对意义的构建，总结出是他觉得搬回家住很丢人，他怎么也看不到任何重新独立的方式。在通话期间，我大部分时候都是在倾听，尽自己所能回答他们的问题，但都是概括性的回答。英国大部分死于自杀的人都遭受着心理问题的折磨，这会影响他们的决策能力；而并存的各种问题，比如酗酒，会加剧已有的心理问题的症状，因为酒精是一种抑制剂。[1]丹尼尔的父母发现，被心理学家称为"认知局限"（cognitive constriction），即隧道视觉的说法，有助于理解儿子为什么无法看到别的选择而把自杀看作了唯一的选择。*

我第一次在心理学的语境中听到隧道视觉时，它带我回到了童年的一个恐怖记忆中，而且这事真的和一条隧道有关！在我长大的北爱尔兰德里，离我父母房子不远处有个类似小孩游乐天堂的地方。那是个有足球场、栅栏和疯长野草的地块，还有适合攀爬的树以及一条小溪。沿着小溪一路过去的远方有一条隧道。这么多年后细节已经模糊不清，但我记得那是个冬日，十岁还是十一岁的我决定要跑过那条隧道，却跌进刺骨的冰水里，还扭伤了脚踝。我全身湿透，不知道朋友们都跑哪儿去了。我独自一人，哪怕大声喊叫也没人来。雪上加霜的是，当时天快黑了，我看不到隧道的出口。在受惊的状态下，我头脑发昏，思路不断变窄，直到全部思路集中在了"我也许会被困在这条隧道里"。哪怕我知道"隧道"是有尽头的，但我从来没往里走过那么远。同时，我根本想不到直接转身，一瘸一拐地走回去。我感觉身体被困住了，同

---

* 埃德温·施耐德曼将认知局限定义为自杀心理的共同特征之一，对这种局限的治疗是认知行为疗法（cognitive behavioural therapy，CBT）的重要部分，认知行为疗法被广泛应用于治疗常见的心理健康问题，包括焦虑和抑郁，也用来治疗有自杀倾向的人（见第189页）。——原注

时也感觉自己从心理上被困住了，怎么也想不到走出隧道的方法。当然，我暂时被困在一条潮湿黑暗隧道里的经历，远不能和与自杀有关的精神痛苦相比，但它依然带给我一点洞察：了解了头脑会如何错误地构建事件和情形，让我们感觉被困住了，甚至是在我们也许并没有被困的时候。

我童年的那次经历非常短暂，我逃出了物理的隧道（朋友们最终听到了我求助的喊声，他们找了个大一点的孩子把我带了出来）。试想一下，如果你在努力逃离精神上的痛苦，但你的思路一直在变得越来越窄，越来越局限，会是什么样的感觉。仿佛置身于一个心理隧道，在你的头脑里，此处没有出路。这样的思维让人筋疲力尽，无法看到别的选择，无法看到不一样的未来，也无法看到这种精神痛苦结束的时间。

拿四十二岁的彼得举例，几年前，他参加过我们的一项研究，这项研究由临床心理学家劳拉·麦克德蒙特（Laura McDermott）牵头，目的是理解自杀的过程。[2] 彼得有抑郁反复发作的病史，他讲述了导致自己尝试自杀的那种不断变窄的思路：

当失去推理和进行合理化的能力，你就会开始聚焦这种绝望的情形，只关注于它有多可怕。你没法进行合理化，并对自己说："你知道吗？也许明天你就能给自己的全科医生或者心理医生或者撒马利坦会打电话了。"

彼得也讲述了自己的抑郁和无力感：

> 这些年来，我的抑郁变得更严重了，成了一种更长期的体验。我想到了自杀。当我想自杀时，那种感觉会更强烈。你会想：我又回到这一点上了。过去我已经有过太多次这样的感觉了。我努力过，但都没有效果。所以我认为当它发生的时候，更多是绝望，只想要这一次能成功。有点像你一直努力尝试某件事情，想要它能成。为了它能成，你变得更加绝望了。

有自杀倾向的人经常感觉没人能听见自己，没人感觉到自己的痛苦，也看不见别的出路。就像多年前我身处那条隧道中一样，似乎无论我喊得多大声，都只能听见自己的回声。

还有安妮，那是劳拉在同一个研究中访谈过的一名女性，她才三十二岁。她好几次企图自杀，有重度抑郁症及创伤后应激障碍的病史。在下面这部分的访谈里，她说了自己就是无法继续的原因：

> 我只记得那感觉像是压垮骆驼的最后一根稻草，我就想啊："我做不到。我没法继续努力融入这个世界了。我没法继续努力活下去了。对我来说再也不可能了。"那就是我过量用药的时候。

彼得和安妮让我们得以窥见一点和自杀相关的思绪的规律。他们所说的内容强调了为了活下去而进行挣扎的残酷本质。这种挣扎我后面也会写到。

羞耻和愤怒

这么多年来，并非所有类似电话或会面，都像同丹尼尔父母通的那个电话那么顺利。不久之前，我见到了一位叫希尔帕的母亲，六个月前她失去了十七岁的女儿琪雅拉。希尔帕是我一个朋友的朋友，我还提前知道了一些细节，主要是通过这起悲剧的新闻报道知道的。我们见了面，对话进行到中途时，我说的一些东西刺激到希尔帕，她变得非常生气。生气不算太意外，但是强度让我吃了一惊。这次对话的细节和我惯常进行的很多对话没什么不同，可希尔帕很生气：气学校，气儿童及未成年心理健康服务，也气琪雅拉。我们聊了导致这次死亡的状况：琪雅拉有过自我伤害和抑郁症的历史，她遭到过霸凌，进入青春期以来就有进食问题。按照她妈妈所说的，她在这么年轻的时候就已经受够了，她接受的治疗没有一个是有用的。她现在算是解脱了，不用再受折磨了。和那么多失去了亲人的家庭成员一样，希尔帕怎么也无法原谅琪雅拉给这个家庭带来的痛苦。她陷入矛盾，一方面觉得琪雅拉自杀太自私了，但同时，她又感到愧疚，愧疚到胃都抽紧了，因为她把女儿想得这么坏。

那个下午，我们聊了很多关于未成年人自我伤害的话题，聊了大量和自我伤害有关的因素，聊了自我伤害同自杀之间的关系。[3]我们还聊了自杀是不是一种自私的行为。我告诉她，我觉得那不是自私行为，证据是我关注到某人有自杀倾向，在生还是死的想法中搏斗时，他们通常无法看见自己的死亡会给别人造成的痛苦。我重申，和直觉不符的是，他们通常感觉自己是在减轻所爱之人的负担。[4]我刚说出"负担"这个词的时候，希尔帕的愤怒就变得显而易见。随后情况清楚了，尽管她认为自己已经和琪雅拉的死"和解了"，理解了导致她女儿自杀的精神痛苦，但她的愤怒集中在死亡带给整个家庭的痛苦上——这个家崩溃了，永远也不能和从前一样了。她一遍又一遍地说琪雅拉自私，说她为女儿感到羞耻，同时也因有这样的想法而为自己感到羞耻。仿佛是遭到了羞耻、愤怒和愧疚的三重打击，其中的羞耻和愤怒是同时针对自己和女儿的。又一次，在没有聊到琪雅拉生活细节的前提下，我试着从心理学的角度，去解释有自杀倾向的人是怎么看世界的——尤其他们是如何通过一个被永不断绝的悲观所模糊的镜片，来看自己的未来的——琪雅拉也许在精神上过于筋疲力尽了，让她无法看见或者理解自己的死亡可能造成的痛苦。[5]

希尔帕走后，我陷入了迷思。对话友好地结束了，但我觉得自己没能和她建立起联结，或者让她觉得我说的东西有用。但在我们会面几个月后，她又联系了我。表面上是为了上次会面时自己的崩溃而道歉，同时也是为了告诉我她如今在看一个心理医生，后者确实帮她走出了打击，帮她理解了自己和琪雅拉还活着时的关系，同时也理解了自己如今同女儿以及她们共有记忆的关系。她还说自己的愤怒也减弱了，虽然还会一波波袭来，但她不再爆发了。她还补充说，尽管我们见面时她并不理解"心理学的角度"，但它仍帮她以不同的视角思考了琪雅拉在死前经历日久的精神折磨。

其实，我也和很多人一样，挣扎着想要回答同样的"为什么"，先是 2008 年的克莱尔，然后是 2011 年的诺艾尔。时间已经过去了十年，尽管还在努力探寻答案，但我认为自己能问出这些问题也是有价值的，同时迫切地盼望能帮助其他有类似经历的人。但悲伤的是，我们中没有人能够真正给出答案，所以我现在努力要做的，是利用自己二十五年进行自杀研究和预防的经验，来理解每个个体的某些东西，理解他们独一无二和有价值的生命。我想要搞清楚这点，也希望是带着同情去做这件事的。我无法告诉人们，为什么他们的儿子、女儿、亲戚或者朋友结束了自己的生命。但通过解释我在自杀的复杂成因中所学到的东西，我希望能帮他们理解自己所遭受的打击。在这本书中，通过复述和其他人的对话，我希望能明确展示出，只要我们带着同情和敏感做这件事情，我们就不会说错话。我的建议是，如果有疑虑，请寻求帮助和建立联结。我们永远都不要低估人与人联结的力量。

自杀不代表……

大部分因自杀而失去了所爱之人的人，在悲剧发生前永远不会去想自杀的原因。他们关于自杀的有限知识是从某本书里读到，或是从媒体上听来的。正如我在前文里写到的，关于自杀有很多错误观念和错误信息，所以在进一步探寻是什么驱动了某人自杀前，我们来想想自杀不代表的东西。

自杀不是自私的

将自杀定性为自私的行为，不过是增加了伴随它的羞耻感。而随着羞耻感增加，寻求帮助的行为就会减少，对自杀的忽视则会增加，死亡数量随之狂飙上涨。我们在上一章里，写到的丹尼尔和琪雅拉都不是自私的人，他们陷入痛苦，自杀是他们结束痛苦的方法，他们的死亡是绝望的体现。如果你从来没有身处过那样的黑暗之地，很难不把自杀视作自私。但现实是，对于绝大多数（自杀的）人，他们都把自杀视作无私的行为，是尝试终结他们以为自己加诸所爱之人身上的折磨的方式。[1]

自杀不是懦夫的出路

这个说法在关于自杀的对话中有着悠久的历史，但它毫无益处，给很多人带来了羞耻和侮辱。当人们如此暗示时，我通常会请他们想想自己是怎么理解懦弱的，想想那一个个脱口而出的词语。无论自杀的方式如何，结束生命都是困难的，你不仅必须克服最基本的自我保护本能，对很多人来说，结束自己生命的行为在生理上也是痛苦的。这绝对不是一个懦弱的行为，而是绝望的行为，大部分时候是对无法忍受的精神痛苦的宣示。

自杀不是由单一因素导致的

和任何其他的死因一样，导致自杀的因素多种多样，但媒体对自杀的报道经常是简而化之的。举个例子，类似"网络霸凌杀了我儿子"的头条新闻曾经非常常见，但多谢越来越多的媒体机构，越来越注重遵守相关报道的指导意见，这样不负责任的报道已经减少了。

就像吸烟是肺癌致死的风险因素之一，我们同样知道，一系列的因素——包括基因、临床、心理和文化等在其中扮演了角色。在这方面，自杀的死因和其他形式死亡的死因没什么不同——没有单一的风险因素，很多条通往自杀的路径都涉及多种风险因素。[2]

自杀不能用心理疾病解释

1999 年，我在英国心理学会的健康心理学部（British-Psychological Society's Division of Health Psychology）的简报——《健康心理最新消息》（*Health Psychology Update*）上，发表了一篇论文，探讨预防癌症和应对自杀的共同点。[3]作为我最早的研究之一，除了强调自杀不是由单一因素导致的，那也是我第一次建议自杀应该被视作一种和健康有关的行为，就像吸烟是癌症的一种风险因素一样。你也许会觉得这是个次要或者显而易见的观点，但它和一个我一直在唠叨的担忧有关，即自杀往往被解释成心理疾病的副产品，导致它无法凭自身被视作一个实体、一件事务、一个行为。我一直认为这是没有好处的，因为尽管自杀和心理疾病经常同时发生，但患有心理疾病不能解释为什么一个人会企图自杀，或者真的通过自杀死去。我已经数不清有多少次看到这个问题和对其的回答了——"为什么谁谁谁要自杀？""因为他抑郁了。"抑郁症可能是很多自杀身亡的人面临的境况之一，但它不能解释一个人结束自己生命的原因。没错，在住院接受抑郁症（最经常和自杀关联起来的心理疾病）治疗的人中，不到 5% 会自杀。
[4]这个看法也和一种会导致羞耻的错误观念有关——自杀是"疯了
的"人进行的异常行为。其中必然的推论就是，如果这个行为是
异常的，那涉及这个行为的人就是疯的，那自杀就是无法解释的，
因此也是无法预防的。这样的观点是彻头彻尾的垃圾！

在 1999 年的文章里，我将自杀行为描述为"终极的损害健康
行为"。这个描述要放在时代背景中去理解，在我开始自己的研
究生涯时，自杀还被划归在临床心理学和精神病学的领域里，结
果就是人们在理解和应对自杀念头及行为方面的进展遭遇了阻碍。
当时我主要的担忧在于，用心理疾病来解释自杀的做法处于统治
地位，自杀的心理及社会因素没得到足够的考量。作为心理健康
学科，临床心理学和精神病学都不认为自杀是一种行为，在我看
来这显然是错误的。如果我们把自杀当作某人做出的一种行为来
应对，把自杀念头和行为作为直接干预对象来应对，我们就可能
在预防自杀上取得更多的成功。将健康心理学及其所能提供的一
切与其他学科结合起来，可以让我们更全面地预防自杀。

作为一名健康心理学家，将自杀概念化为一种行为很重要，
因为这开启了一整个理解和预防自杀的潜在领域。作为一门科学
学科，健康心理学在传统上关注的是身体健康、疾病、医疗保健，
而将心理健康排除在外。我一直认为这样的排除是武断的，它源
自 20 世纪 80 年代，是临床心理学（心理学中专注心理疾病的下属
学科）和更新的健康心理学（又叫医疗心理学）之间的地盘之争。

几年前，我接受了英国健康心理学发展口述史项目的采访。[5] 这是一次有趣的经历，我回忆起在20世纪90年代，我关于自杀的工作完全被视作健康心理学的边缘部分。谢天谢地，自那以后这一点已经有了巨大的改善。确实，最近几年，我一直有幸能在英国和欧洲的顶尖健康心理学会议上发表主题演讲。涉及自杀预防的健康心理学的特点之一在于，它拥有一整套专门为预测健康行为而开发的理论模型。

在我刚开始研究时，一组叫作"社会认知模型"的工具在健康心理学中起到了重要作用。社会认知模型试图通过一系列信念和态度来预测行为，这些信念和态度反映的是被假设来支配行为的内心（认知）和社会过程。这么多年来，这些模型被广泛使用，在预测健康行为方面取得了可观的成果，包括对吸烟、饮酒、服药的依从性和寻求帮助的研究。[6]

但直到21世纪的头十年，社会认知模型都鲜少用于心理健康研究，且从没被用来预测自杀行为。实际上，在1999年的一场健康心理学会议上，我向一个同行建议我们利用社会认知模型来理解自杀行为，但他立刻就否决了。他的论点是自杀是心理疾病导致的，患有心理疾病的人是不正常的，那如果他们不正常，就不可能用针对所谓"正常"行为的心理学模型来理解和预测自杀。我对这个观点感到惊讶，因为它展现了自杀根深蒂固的污名，以及对心理疾病的误解。

人们会认为，如果当时你患有心理疾病，因为某些未知原因，支配你行为的规则就和支配那些没有心理疾病的人的行为规则不一样了。但这是去人性化的（dehumanising），根源在于恐惧和无知，同时极具侮辱性。这是"他者化"的另一个好例子——比起把心理健康视作一个连续的状态，它掉进了这样的一个错误中，即认为那些受心理健康问题困扰的人同那些没有心理健康问题的人有着本质的不同。我们都有心理健康问题，我们都身处在心理健康—心理疾病连续状态上的某个地方，我们中更幸运的那些人只是身处更靠近没有心理疾病的那一端而已。

自杀不是罪

20 世纪 90 年代中期，在博士研究即将结束之际，我因为一则关于我研究内容的当地新闻第一次上了电视。之后我收到了一个生活在北爱尔兰农村地区的家庭的来信，信中谈到了他的儿子因心理问题自杀去世的故事。那是一封非常感人的信，字里行间充满罪恶感和羞耻感，这些情绪是如此强烈，直到今天依然在我心中挥之不去。

在那封信中，他们提到自己不仅感到辜负了儿子，感到自己应该多做点什么，也觉得这违背了他们的信仰。他们并没有责备儿子，而是责备自己。

一般而言，所爱之人自杀不是你的错，记住这一点很重要。但让人痛心疾首的是，那些被留在世间的人往往会责怪自己，认为自己应该多做点什么。如果他们和所爱之人最后一次交流时有过争吵或存在分歧，罪恶感和遗憾会让他们尤其痛苦。不幸的是，争吵这样的人际关系危机大概率会在死亡前的几小时、几天或者几周里发生。我发表的第一篇学术论文，是一篇针对贝尔法斯特142起自杀相关因素的详细调查报告，我们发现婚姻或者亲密关系中的问题是被最频繁报告的压力因素。[7]但这不意味着它们会导致死亡，正如我不断强调的，自杀是由多个因素导致的。除此之外，从来没人会预期一次争论、分歧会导致自己所爱之人的死亡。无论情形如何，单一个体永远都不应该为另一个人的行为承担责任。

贯穿上述这些的共同主题是，自杀是由结束痛苦而不是寻死的欲望驱动的。自杀的原因十分复杂，我们需要看向心理疾病这一解释之外的地方，去理解为什么每年有80万人因自杀失去了生命。在接下来的几节里，我将通过带领你学习我开发的自杀模型来理解这一点，希望能帮你理解精神痛苦是如何出现并增加自杀风险的。

6

自杀路径及当事人感受

2010 年夏天的几个月里，我全身心扑在定稿《国际自杀预防手册》的第一版上，那是我和同事史蒂夫·普拉特（Steve Platt）、杰基·高登（Jacki Gordon）联合编撰的——当时压力不小，因为出版商要求交终稿的截止日期很快就要到了。[1] 编撰手册的想法源于 2008 年，当时史蒂夫、杰基和我在欧洲组织的一场关于自杀的学术会议上。我很高兴能和史蒂夫共事，因为正是他关于失业率和自杀的开创性研究，激励了 20 世纪 90 年代时还在女王大学学习的我。[2] 杰基则把政府政策方面的专业知识写进了这本手册。我们还邀请了会议上的四位主题演讲者以及全球的专家来为自杀研究和预防的热门话题贡献内容。

当我们签下出版合同时，我就定了要写"自杀的心理学"这一章，没怎么考虑全书的内容或者结构。在截稿日期之前不久，我准备开始写作，但感觉这像是一项不会有结果的任务，因为我只能写出几页，干巴巴地总结一些自杀和自我伤害的最新研究。在度过了毫无进展的几天后，我终于决定放弃写"和自杀相关的所有心理因素"的计划，而是用一个专注理解自杀的新理论模型的内容来替代它。我渴望能做到这点，以此将各种风险和保护因素整合到一个单一的总体框架中。当时我已经仔细琢磨了一段时间，想要开发这样的一个模型，想把过去十到十五年里在自杀研究领域学到的东西提炼出来。

我的目标是开发一个模型，能更好地描述人们的自杀倾向从无到有的复杂过程，而且至关重要的是，要列清楚从想着结束生命转向尝试这么做的决定因素。在我看来，了解这个转变是自杀预防研究中的圣杯之一（开发出定制的心理治疗方案，以可接受的准确度预测自杀的能力，有效降低自杀风险等也同样重要）。我希望这个模型能帮着阐明人们一开始为什么会产生自杀念头，以及为什么有人把念头变成了行动，而有的人则没有。我也希望它能提供一个参考标准，基于此开发出治疗干预的手段。除此之外，我也想要创造一个超越心理疾病的视域，能描绘出自杀念头和行为路径的模型。

自杀、逃离和被困

在缓慢地开头之后，我几周内就写成了自杀行为的动机 – 意志综合模型（the integrated motivational-volitional model，IMV）。[3] 为了写出它，我重读了数不清的、已经多年未看的关于自杀的学术论文和著作，回看了埃德温·施耐德曼和诺曼·法布罗（Norman Farberow）出版于 1957 年的开创性著作《自杀的线索》（*Clues to Suicide*），还有施耐德曼 1967 年出版的《关于自我毁灭的论文集》（*Essays in Self-destruction*），以及其他一些有影响力的研究专著，比如题为《作为逃离自我的自杀》的理论文章，作者是社会心理学家罗伊·鲍迈斯特（Roy Baumeister）。[4] 鲍迈斯特的论文出版于 1990 年，从不同的历史及理论角度着眼，很有说服力地表明了自杀的首要动机是逃离。他不是第一个提出自杀逃离理论的人。20 世纪 70 年代，琼·贝希勒尔（Jean Baechler）也对自杀进行了分类，逃离就是其中一类，施耐德曼以及其他人也曾认识到了逃离（这一动机）的重要性。[5] 然而，鲍迈斯特吸引我的是，他以一种既直观又科学的方式，提炼出了以往理论研究的关键要素。

我在博士研究的早期阶段，就第一次读到鲍迈斯特的论文，心中产生的疑惑要比得到的答案多（在我看来这是一件好事），但他关于自杀是一种自我逃离的核心理念和我产生了真正的共鸣。它令我豁然开朗。自此以后，它也一直都是我研究的中心，以至于我有时候会怀疑自己的思想，怀疑它在过去的二十年里到底有没有进一步升华。鲍迈斯特基于施耐德曼更早期的思想进行了研究，而鲍迈斯特自己的成果接下来也被牛津大学临床心理学家和正念研究（mindfulness research）的先驱马克·威廉姆斯（Mark Williams）拓展了。对我来说，没人比马克·威廉姆斯的影响更大。他不仅针对自杀心理进行了创新性的研究，也开发了开创性的心理治疗手段，并拥有非同寻常的能力，可以把最复杂的思想以轻松和温暖的方式表达出来。他发表于 1997 年的经典之作《痛苦的哭喊》（Cry of Pain），让我认识了"被困于自杀"这个概念，我也是在那一年完成了自己的博士研究。[6] 他把自杀界定为"痛苦的哭喊"，而不是"求助的哭喊"，重要的是，这强调自杀背后的痛苦有着人性的一面，也抨击了围绕自杀的污名。

根据威廉姆斯的研究，自杀是从被困状态的逃离。我知道这听来有点矛盾，但让我试着解释一下。按照《牛津英语大辞典》的解释，被困（entrapment）是指"陷入或者困于陷阱中的状态"。换句话说，你陷入了一种没有出路的状态。保罗·吉尔伯特（Paul Gilbert）是一位英国临床心理学家，他在早期的理论研究中做了大量工作，研究"被困"在精神痛苦中的角色，他将"被困"定义为一个人逃离不愉快情境（通常是挫败或羞辱的情境）的欲望受到阻碍时发生的情况。[7] 他的思想受到了进化理论的影响，无法从不想要的情况中逃离而导致的痛苦后果一开始是在动物身上，而非人身上观察到的。确实如此，在很多年前，动物行为学家们就已经观察到，如果一只动物被打败了，比如，在同另一只动物的战斗中落败了，但却无法逃离那种失败或者耻辱的境地，它通常就会陷入无助的心情中。[8]他们将这个情况称为"逃离受阻"（arrested flight），指这个动物的逃离企图遭到了阻碍。和动物一样，类似挫败或耻辱的被困对人类同样非常有害。"被困"最开始被保罗·吉尔伯特用来理解人类的抑郁状态，马克·威廉姆斯特别将其延伸到了自杀风险上。这样一来，自杀行为就成了一种从精神痛苦的困境中逃离的企图。

可以用不同方式来检测是否被困，但应用最广泛的方法是保罗·吉尔伯特和史蒂文·艾伦（Steven Allan）1998年发明的被困等级表（Entrapment Scale）。[9]这是一份有16道题的自我检测表，评估了整体的被困程度，包括内部以及外部的被困情况。内部的被困是感觉被痛苦的想法和感觉困住了，而外部的被困则是由挫败或者引发羞耻的情况导致的。当逃离这些想法和感觉的努力受到阻碍后，自杀念头就出现了。人们被要求根据自己的情况，以1～5分来给每个项目打分（比如，"我感觉被自己困住了"，从"完全不像是我的情况"到"和我的情况一模一样"），分数越高，被困程度就越高。在我们的临床研究中，在患者产生了自杀企图之后不久，我们常用这份被困等级表来确定被困的程度，看这些回答是否能帮我们理解在未来谁最有施行自杀行为的风险。

在一项发表于2013年，和马克·威廉姆斯合作的研究中，我们让一组在企图自杀后被收治入院的患者完成了一系列的心理及临床测试，测试了抑郁程度、无助程度、被困程度，以及当下自杀念头的水平。[10] 在患者的许可下，我们得以利用数据跟踪谁再次产生了自杀企图，或者谁在未来四年里不幸死于自杀。这样一来，我们就能确定四年前在医院里评估过的因素中，哪些能预测未来的自杀风险。这些发现很重要，因为尽管抑郁和自杀念头预示了未来的自杀行为，但预测自杀行为最好的因素是被困的程度和过往自杀行为的历史。显然，想要针对某人已有的自杀历史是无能为力的，但有可能去针对的并可能改变的是他们的被困程度。因此如果我们能降低某人感到的被困程度，我们就有可能打断被困和自杀风险之间的链条。在更大人口范围内，涉及数千名参与者的其他研究，包括了青少年和一般成人的人群样本，也发现了被困程度和自杀念头及企图之间的强烈联系—— 一个人感到的被困程度越高，产生自杀念头以及尝试结束自己生命的可能性就越高。[11] 我坚定地相信并理解，被困是理解自杀心理的关键。

研究中大部分的时候，我们都用到了最初的16题被困等级表，但联合荷兰的心理学家德里克·德博尔斯（Derek de Beurs），我们在 2020 年发布了只有 4 道题的被困测试短表（Entrapment Short-Form，E-SF）。[12] 这份短表在花更少时间完成测试上，有着切实的优势，因此更容易被加入日常的临床实践或者研究中。前两题评估了外部的被困程度，后两题评估了内部的被困程度，如果时间或者空间实在紧张，只问内部被困程度的两个问题效果也不错。

1. 我经常觉得干脆逃走算了。

82

2. 我感觉无力做出改变。

3. 我感觉被困在了自己的身体里。

4. 我感觉身处一个深洞中，无法出来。

在我们和其他研究团队进行的研究中发现，内部被困比起外部被困要危险很多。举个例子，在一项由卡伦·韦瑟罗尔（Karen Wetherall）牵头的研究中，我们发现内部的被困能导致年轻人在未来十二个月里产生自杀念头。[13]暂停一分钟想想原因，这实在耐人寻味。显然内部或者外部的被困，不可避免是相互联系的，但想要逃离自己的想法或者感觉的需求似乎会变得无法忍受。当然，我们脑子里发生的事情常常是被外部情况驱动的，但自杀念头的核心驱动因素常常是内部的。其他人很难看到这些想法和感觉，因为它们无形而缥缈——虽然看不见，却往往更痛苦。

几年前，我和埃德聊过一次，他在三十多岁的时候企图自杀，我们讨论的正是不同种类的被困这个话题。我们聊天时，他刚满四十岁，处在一种反思的状态中，试图搞清楚自己生活中的起起落落。内部被困对比外部被困的思路，似乎很适配发生在他身上的事情。他感觉从外部被困住了——他的婚姻破裂了，他再也见不到孩子们了——这比他内部的被困情况要严重。在离婚后，他感觉自己完全没有价值，遭到了抛弃。这些内部的被困感觉不断加剧，不断加剧，覆盖了他生活中的其他方面，因此他自我批评的想法似乎永远都不会结束了。尽管他意识到婚姻破裂的后果仅仅是自己产生自杀倾向的部分原因，但他已经筋疲力尽了，在企图自杀时，他想要终结的是永不停止的负面想法。

正如埃德的故事所展示的，内部被困造成了失控和无助的境况。就我自己来说，在情况变得艰难时，我会通过躲进自己的世界和自己的想法中以获得慰藉，回想曾带来愉悦和幸福的过往画面，并试图以此填满自己。我的头脑是我的安全空间，我想许多人都是如此。但当某人感觉到从内部被困住时，情况就会变得麻烦，相比获得安慰，我们的内部世界成了痛苦之源，而不再是一个安全空间。如果这样的痛苦以及不安全感加剧，内部世界就会像一场酝酿中的风暴，我们就会越来越感觉无处可藏，也无处休息或放松，无处逃离，因为本质上，你是在试图逃离自己。在这样的时刻，自杀念头就更可能出现，因为在这样的被困状态中，我们想象不出一个这些念头全都消散的时刻。我们成了自己想法和感觉的囚犯。我们往往被困在了自己内部，这是一种让人筋疲力尽的情况。我们还经常因为这些感受而觉得羞耻、失落、自责、愤怒、被拒绝，以致体会到精神痛苦。

精神痛苦

被困是一种精神痛苦，精神痛苦能困住人。当身处精神痛苦中时，我们会寻找结束这种痛苦的方法。也许是转移自己对痛苦的注意力，向家人或者朋友倾诉，让自己脱离造成挫败的情况；也许是服用药物，喝酒麻痹痛苦；或是寻求专业帮助。可惜随着被困程度加剧，又没有解决方案，我们考虑把自杀作为一种逃离方法的可能性就增加了。这时，隧道视觉让情况变得愈发危险，因为我们的思路越狭窄，脑袋里可能的解决方法就会越来越少。随着我们不再考虑，或排除了一个又一个可能的解决方法，我们距离将自杀当作解决方法就越来越近——这是结束痛苦最后的方法，却也是一劳永逸的方法。不再考虑别的方法，这一状况的程度因人而异，结果就是对一些人来说，自杀行为也许是冲动行事，而对另一些人来说则显得更有计划性。显然对我们中的大多数人来说，在经历精神痛苦的时候，自杀从来不是我们会得出的结论。

同样地，精神痛苦会有很多不同的形态。有些人，比如埃德，把这种痛苦描述成"需要让这种似乎永远翻涌着的思绪停下来"，因为这些思绪让人筋疲力尽。[14]胡穆扎，一名二十六岁的男性，在我们的一项访谈性研究中曾说起自己之前的一次自杀企图，他很明确地表达了这一点："我就是想要停止思考一切……我放弃生命了。我不是很想体验可能的未来。我感觉我羞辱了自己的家庭，我就是知道无论我做什么，他们都不会原谅我。"胡穆扎没办法应对这样的想法，尝试自杀是他阻止自己继续想的方法。

我们之前讲过的安妮曾好几次企图自杀，她也把自杀行为视作自己唯一的选择，唯一的解决方法。当一切都被夺走后，自杀是她唯一能掌控的方法：

有时候它是唯一的选择，你生活中仅存的唯一力量。因为生活把一切从你身边夺走了。你的价值、你的成就、你所属的社区、你的朋友、你的家庭、你对自己的感觉。因为当一切都没了后，你只有一个决定要做了，那就是要不要活下去。

当我第一次读到安妮这些表述时，我想起了诺贝尔文学奖得主阿尔贝·加缪的《西西弗斯神话》中经常被引用的话："真正严肃的哲学问题只有一个，那就是自杀。判断生命是否值得活下去，就等于回答了哲学的根本问题。"[15]可惜，在自杀危机中一个人的想法经常已经陷入思维陷阱，遮蔽了清晰的判断。因此尽管有加缪这充满哲思的文字，但任何关于未来的思考与其说是哲学问题，不如说是如何逃避的问题。

畅销回忆录《活下去的理由》的作者马特·黑格（Matt Haig）最近在 Instagram 上发布的关于逃离的内容，和鲍迈斯特在逃离理论中所指出的很契合。[16]马特写道："会有一个美丽的时刻，你不得不停止试图逃避或提升自己，而是真正地接受自己。"尽管马特不是指自杀，但他的这句话非常正确，和自杀风险直接相关，并和胡穆扎还有安妮说的一些话产生共鸣。难点在于，我们要如何帮助自己以及其他人去停止逃避自己？自杀经常是出于焦虑，或者是被创伤性的过去驱动、被遗憾或者自我批评驱动，后者通常根植在错误的自我厌弃中，因而导致难以忍受的精神痛苦。悲伤的是，对我们中的太多人来说，很难做到黑格所说的，去接受自己。

黑格的 Instagram 帖子不是他初次尝试讨论逃离或者被困，2015 年，他的《活下去的理由》首次出版时，我有幸和马特一起做过两次新书的推介活动。那本书讲了他在二十四岁时，陷入自杀危机的经历，以及他从其中学到的、关于活下去并活得更好的经验。这是本很棒的书，感人，富于洞察，有时候还非常有趣。毫无疑问，它已经帮助无数人在自杀的绝望深渊中找到方向。第一次活动是在爱丁堡国际书展上，我想做一点不一样的。我渴望使用《活下去的理由》中黑格自己的话，来组织我计划进行的、关于自杀的心理学要做的讲话，所以准备发言时我在他的书中四处搜寻，一句一句地读，寻找马特描述痛苦的文字中任何提到逃离或被困的内容。我没用太久就找到了第一个例子——字面意义上的没太久，他在第一页里就写到自己被困住了。的确，我继续搜寻，还能一直找到描述逃离和被困的内容——在他的整本书中，它们是不断重复的主题。如果你还没有读过黑格的书，我强烈建议你去读一读。它是对生命的肯定。

当然，不是所有感觉被困的个体，或者试图逃离自己的人都是在有意识地、一个接一个地排除每一个可能的解决方法。但是，他们可能在经历某种排除的过程，试图找到离开痛苦的方法。雪上加霜的是，这个过程是可以"走捷径"的。举个例子，他们可以喝酒、吸毒，或者不睡觉。酗酒行为的研究者们经常说到的"酒精近视"（alcohol myopia），就是指我们在喝酒时会变得短视，无法看清楚我们行为的长期后果。[17] 这种近视让我们更不可能看到别的解决方法，更不可能意识到未来痛苦会结束。后果就是这个排除的过程被加速了，让自杀更可能作为唯一的解决方法浮现出来。就有点像是一开始在骑马慢跑，接着狂奔了起来，速度越来越快，过程中越来越难以控制。同样，酒精有解除抑制的功能，能导致冲动行为，我们每喝一点酒，都是在让自杀行为越来越不可避免。酒精的危险确实能从我同事卡拉·理查森、凯蒂·罗布和我进行的一项综述中看出来，我们发现了酗酒在男性自杀中扮演了一定角色的强烈证据。[18]

我最近读了盖尔·霍尼曼（Gail Honeyman）的畅销小说《艾莉诺好极了》（*Eleanor Oliphant is Completely Fine*），我被她对主人公艾莉诺自杀企图的描写震惊了。[19] 霍尼曼详细描写艾莉诺尝试自杀前的几个小时的文字尤其有力——让人伤心的是，这些文字对很多人来说会显得非常熟悉。它描述了酒精是如何扰乱我们的决策，放大了"我自身没有价值"的感觉，让我们的决定变得狭隘，非此即彼："要么……要么……""我是要活还是要死？"在一场有酒精助力的自杀危机的迷雾中，简直不可能看到当下之外的情况。当下和未来融为一体，成了一个似乎永远不会结束的、由痛苦和虚无构成的旋涡。但正如艾莉诺的故事所表明的那样，康复是可能的。在艾莉诺的例子里，一个朋友在她的危急时刻进行了干预。对其他人来说，拯救他们生命的则可能是一个机缘凑巧的行为，或者是因为获得了心理健康专业人员的支持，抑或和家庭成员重新建立了联系，甚至可以是来自陌生人的善意。没错，第二章里瑞恩的故事（见第 38 页）就展示了这种微小善意的力量。任何能够增加一个人选项的事情，无论多么短暂，都能帮助他（她）找到一条走出黑暗的道路。

7

自杀行为的动机－意志综合模型

在这一章里，我将帮你理解从精神痛苦到自杀念头，以及从自杀念头到自杀行为的路径。自杀念头（thoughts）和自杀想法（ideation）意思一样，因此在全书中会交替使用。我将把目光投向自杀属于心理疾病这种解释之外，详细描述需要注意的因素。如果你担心某个所爱之人有自杀倾向，或者有把自杀念头付诸行动的风险，这个动机－意志综合模型就能够提供理解自杀的体系，帮你理解为什么有人会产生自杀倾向，为什么有人会死于自杀。[1]

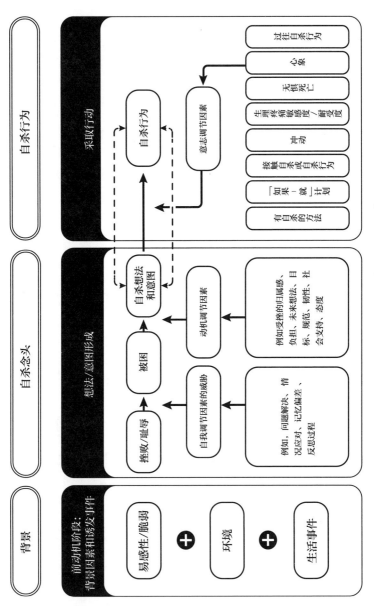

表一　自杀行为的动机－意志综合模型 2

前动机阶段

　　在继续探讨是什么引发了自杀想法前，我们需要明白自杀想法和行为出现的背景。这就回到了动机－意志综合模型的第一阶段——前动机阶段。这一阶段也包括了三个部分：易感性（脆弱）、环境和生活事件。

易感性或者脆弱因素

　　就目前而言，易感性（diathesis）就是脆弱（vulnerability）。易感性常被用来描述一种基因或者生理的特质，脆弱也被视为一种疾病；但在心理学中，易感性的范围要广得多，它涵盖了不同种类的脆弱，包括个性以及认知上的脆弱。在这个部分中，我提到了生物学意义上的脆弱，但大部分是指完美主义，这是一种与自杀风险有关的人格脆弱因素。[3]

血清素的角色

　　神经递质（大脑中的化学信使，比如血清素）调节功能受损，就是自杀的生理易感性或脆弱性的一个例子。尽管血清素及其代谢分子的变化和抑郁、自杀行为都有关系，但血清素似乎在自杀行为中承担了更明确的角色。[4]考虑到它的影响渗透到了我们头脑和身体的所有方面，这并不让人意外。它令我们感觉更平静、更

快乐、更不紧张，被认为是一种天然的情绪稳定剂。因此，如果
我们体内循环的血清素含量较低，就可以推测我们的情绪也许已
经受到负面影响。

一组被称为选择性血清素再吸收抑制剂（selective serotonin
reuptake inhibitors，SSRIs）的抗抑郁药物，包括百忧解（Prozac）
和赛尔特（Seroxat），被广泛用来应对这种失衡。它们的目标是阻
止血清素的再吸收，因此能有更多血清素在大脑里循环以对抗低
落的情绪。尽管这类药物被广泛应用，但对于利用它们以及其他
药物预防自杀的实际有效程度，学界仍有争议。总体而言，证据
尚不确凿——收到的报告中，预防自杀效果因药物类型及患者的
年龄和临床特征而异。[5]常见的情况是，即使当一种药物似乎有效
时，也不能确定药物的效果是否优于心理治疗，或者结合两者的
治疗效果是否更佳。

除此之外，大部分临床试验倾向于将自杀念头和自杀企图，
而非自杀行为作为结果。这就突出了自杀预防领域一个更大的问
题。因为自杀死亡在统计学上是少有的结果（谢天谢地），而要
获得临床疗效，所需的样本数量之大足以让人望而却步。结果就
是，我们不知道那些没有大规模供应的药物或者心理干预是不是
真能预防自杀；还必须强调的是，有报告称某些药物有反效果，
在一些包括二十五岁以下患者的研究中，药物导致自杀念头的可
能性明显增加。[6]另外，代表患者的呼请组织也表达了自己的担
忧，认为特定药物的副作用可能增加了自杀风险。举个例子，失

静症（akathisia）是一种让人难以静坐的运动失调症，本身就是某些抗精神病药物（非SSRIs）的副作用，而这种症状已经被上升为需要关注的自杀的潜在风险因素。这些都是需要进一步详细研究的合理担忧。

完美主义的角色

离开生物学上的脆弱性，在过去的十五年里，我和我的团队探索了完美主义这种个性因素和自杀风险之间的关系。[7] 通过无数研究，我们不断发现完美主义的一个特定维度同自杀念头和自杀企图相关，这种联系之强使我们倍感惊讶。

考虑到完美主义在自杀风险中的潜在作用，解释清楚什么是以及什么不是社会规定的完美主义很重要。最重要的是，它不涉及他人对我们的真实期待；相反，它强调的是我们所认为的他人对我们的期待。用心理学术语来说，这些具有评价性质的信念被称为元认知（metacognition）。这个词用于描述对想法的思考，或对我们自己的思维过程的理解。这些元认知是社会规定的完美主义想法具有潜在危害的关键原因，因为就它们的本质而言，它们可能是不准确的，似乎也超出了我们的控制范围。元认知让我们相信自己生活中的重要人物对我们有着不可企及的期望，以及如果我们没能达成这些期望，他们就会看轻我们。在大部分案例中，有社会规定的完美主义倾向者所以为的他人对自己的期待，以及他人的实际想法之间并没有相关性。它们（元认知）没有融入现实

94

生活中，因此它们也是难以改变的。

为了更多地展示社会规定的完美主义的作用，我在向观众们解释时经常使用一个简单的比喻：那些在社会规定的完美主义测试中得分高的人心理皮肤较薄，而那些得分较低的人心理皮肤则较厚。在日常生活中，如果我们的心理皮肤比较薄（比如我），那么在遇到来自社会的威胁，比如被拒绝、遭遇失败或损失时就会更深切地感受到这些威胁。并且，随着时间推移，这些感受可能会导致情绪低落和情感困扰，在某些情况下可能还会引发自杀念头。社会规定的完美主义就像是你的心理铠甲上出现了一道裂缝——尽管不致命，但有了这样一个弱点，当来自社会的失败之箭和被拒绝之箭射向我们的时候，它们就更有可能穿透我们的防线和我们的心理皮肤。

以阿曼达为例，在她看来，要企及别人眼中的完美，压力很大，这让她一直在挣扎：

> 尽管有一部分的我知道自己已经做得非常不错了，但我就是没法阻止自己去想我还不够好，去想如果我更努力，我就能取悦他们了。甚至在我觉得自己已经做得很好的时候，我也知道下一次我得更加努力才能做得一样好。

在很多方面，阿曼达就是社会规定的完美主义者的原型，她陷入了一个需要社会肯定的恶性循环中，无休无止地努力以获得肯定，让自己感觉得到了他人的重视，然后一而再再而三地回过头来寻求更多的认可，永无止境。她感觉自己像一列永不停止的过山车，时刻都在高低起伏，她需要"暂停"，从过山车上下来。情况变得太糟糕时，她不得不停止外出，停止见朋友，停止在工作中主动出击，因为她实在太害怕失败，太害怕让别人失望了。稍作喘息之后，一感觉自己恢复了活力，她就重新回到那列过山车上。尽管从来没有试图自杀，但她很多时候还是感觉自己不堪重负，认为自己"浪费了空间"，时不时地会有自杀倾向，感觉自己干脆死了算了。当我问她什么时候觉得压力特别大时，她回答不出来，说即使是最小的任务都会让她紧张不安。就好像每一个任务，无论多么微不足道，都是一次失败的机会，又是一个让他人失望的机会。和很多人一样，我显然对于阿曼达的感觉有着切身体会。

阿曼达被哪怕最简单的任务所影响的情况，展示了社会规定的完美主义影响我们健康的一种方式，这是我们在一项关于未成年人自我伤害的研究中的发现。[8]我们在这项研究中调查了一系列的因素，包括完美主义和负面生活事件，企图观察它们在多大程度上，可以预测15～16岁人群在未来六个月中的自我伤害行为。在进行这项研究之前，我们假设在研究的六个月里经历最多负面生活事件的年轻人最有可能进行自我伤害，结果正是如此。然而，让人意外的是，社会规定的完美主义和自我伤害的风险，确实存在某种关系。就在我们认为那些在社会规定的完美主义上得分高，并经历了更多负面生活事件的未成年人会有最高的自我伤害的风险的时候，一种不同形式的结论也浮现了出来。我们发现，完美主义程度高（不意外）、负面生活事件少（出乎意料）的人自我伤害的风险更高。看来，社会规定的完美主义程度高的一个后果就是，压力事件令人沮丧的阈值降低了，我称之为"压力阈值降低效应"。或者以两个人遇到了同一个压力事件为例来解释：一个有较高的完美主义水平（薄皮肤）的人受到的影响会更大。这些发现有助于我开始思考社会规定的完美主义，即它赋予了那些得分接近量表上限的人一层隐喻性的心理薄皮肤。

内隐态度的作用

到现在为止，我一直在关注心理学家所说的反思过程（reflective processes），看它们是如何帮我们理解自杀风险的。然而，根据双过程模型（dual process model），要理解任何行为，都需要考虑两个相互作用的系统。诺贝尔经济学奖得主丹尼尔·卡尼曼（Daniel Kahneman）在他的著作《思考，快与慢》（*Thinking, Fast and Slow*）中巧妙地描述了这两个系统。[9]第一个系统自动运行，它很快，反应迅速，包含了自动流程和行为。第二个系统是反思系统，也是大部分自杀研究关注的焦点。反思系统涉及有意识的认知和对信息的处理，它很慢，需要付出努力，并且反映了我们的价值和态度。举个例子，有人也许不会有自杀行为，因为他们认为结束一个人的生命，在道德上是错误的。或者，如果我们考虑自己的被困程度，就会需要对一系列的因素进行反思。这些都是需要深思熟虑的过程。

自动系统不包含深思熟虑，它是由习惯、冲动和内隐态度（implicit attitudes）定义的。内隐态度是在无意识的情况下发生的，是对自发或者特定行为的评估。它们和外显态度（explicit attitudes）泾渭分明，后者是指我们有意识的态度，可以轻松表达。所以，如果我问你你对吸烟的（外显）态度是什么，你能毫无困难地给出回答。但是，要想了解我们对一个特定话题的内隐态度则要困难得多，因为我们并没有意识到它们的存在；或者我们也许不想披露自己的真实态度，因为其他人也许会不赞同。因为这个原因，心理学家设计了创新性的实验技术，来探寻这些自动过程。其中一个应用最广泛的就是内隐态度测试（implicit attitudes test，IAT），它针对的是我们有意识的认知和控制之外的想法、感觉。[10] 通常，内隐态度测试利用在计算机上进行的一项测试反应时间的任务，记录了概念（比如爱尔兰人）和特点（比如友好）之间联系的强度。内隐态度测试被广泛用来理解种族主义和性别歧视，但直到过去的十到十五年里才被考虑用来理解自杀风险。

在这些自动过程同自杀相关度如何的研究中，哈佛大学的临床心理学家马特·诺克（Matt Nock）是领军人物。2010 年，他发表了一项开创性的研究。研究显示，在心理急诊科就医的人中，将死亡或自杀与自己联系在一起的内隐态度较强的人，相比内隐态度较弱的人，在接下来的六个月中更有可能企图自杀。[11] 除此之外，相比抑郁、患者及临床医生的预测（patient and clinician prediction）

这类更广为人知的因素，这些内隐态度是更好的预测手段。

相比从未有过自杀倾向的人，我们发现那些有过自杀倾向的人对活着有更弱的认同，而这种认同在负面情绪被诱发之后会变得更弱。除此之外，情绪被诱发之后的内隐态度测试得分可以用于预测六个月后的自杀念头。

从整体上看，这些发现是理解自杀风险的重要部分。当然，去询问人们感觉如何，倾听他们的故事也很重要，但对这些自动过程的关注让我们对自杀念头如何浮现有了更进一步的洞察。如果一个人不确定自己感觉如何，或者不愿意披露自己的自杀念头，这些方法也许有用。但和所有的新进步一样，触及无意识过程的伦理问题需要进一步探索。

环境和负面生活事件

我们都是环境的产物。因此，正如在动机－意志综合模型中所说的，如果要理解自杀风险，我们就需要理解环境的影响。自杀研究和预防这个领域一直在尝试描述我们所处环境与自杀的关系。环境影响的形式多种多样，从子宫中的胎儿环境，到家庭环境，再到社区环境的更大影响，比如结构性的弱势、种族歧视和社会经济背景。[12]然而，我在这里想关注的是早期的生活环境，尤其是早期生活中的困境和依恋（attachment）。无须多言，困境会出现在生命的整个过程中，成年生活中的负面生活事件和那些在童年和青少年时期的经历一样，都和自杀风险有关。[13]

早期生活中的困境

毫无疑问，在早期生活中经历困境同糟糕的心理健康，包括自杀风险，有着密切的联系。[14]早期生活中的困境可以用很多不同的方法来评估，但通常是以生命最初的十八年里的童年不良经历（adverse childhood experiences，ACEs）这一术语来记录的。这些经历包括情感虐待、身体虐待、性虐待，暴露在针对家长的暴力之中，暴露在家庭的药物滥用或者家庭的精神疾病之中，父母分居或离婚，家庭成员入狱。[15]大量研究显示，随着童年不良经历的数量增加，个体一生的健康状况也会持续恶化。

尚塔·杜步（Shanta Dube）和同事们有一项在美国进行的、被广泛引用的研究。研究结果显示，有过任何形式的童年不良经历的人，产生自杀企图的风险会增加2～5倍。然而，更令人担忧的是，如果对童年不良经历进行打分并加总，童年不良经历得分在7分及以上的人，童年或者青少年时的自杀风险增加了51倍，成年时的自杀风险则增加了30倍。[16]这些数字令人震惊，如果我们考虑到，即使将自述中的酗酒、抑郁和非法药物使用情况纳入统计，有害童年经历与自杀企图之间的关系仍然存在，这些数字就更加令人担忧了。

另一个考量风险的方法，是量化一个风险因素对那些尝试自杀的人的作用。这种作用被称为人群归因分数（population

attributable fraction，PAF），即将这种风险因素从人群中剔除后，预计自杀企图会下降的百分比。因为自杀企图有很多风险因素，且常有重叠，单纯把所有人群归因分数加总，算出如何消除自杀行为是行不通的。但无论如何，它们都是指导自杀预防工作的有效工具。在杜步的研究中，童年或者青少年时期80%的自杀企图及一生中67%的自杀企图和一次或者更多次童年不良经历密切相关。这个数据很高。尽管其他研究发布的数据存在差异，但它们都描绘出了脆弱加剧这一情况。但关系是复杂的，比如我们现在还不清楚哪些因素或者机制能解释童年不良经历和自杀风险之间的联系。

身体对压力的反应

从生物学机制角度来说，有一定证据表明早期经历可能会改变基因的表达，从而增加了心理上的易感性，因此也就增加了随之而来的自杀风险。[17]早期生活中的困境也许会因为下丘脑－垂体－肾上腺轴（hypothalamic-pituitary-adrenal axis，HPA axis）的失调而影响到人体对压力的反应。[18]下丘脑－垂体－肾上腺轴对我们身体的应激系统至关重要，当发生了导致压力的情况（又被称为压力源）时，我们需要它顺畅地工作。你也许听过"战或逃反应"（fight or flight response），这是我们的身体应对一个潜在威胁或者压力源时的生理反应。它叫这个名字是因为它让身体根据需求，要么和威胁战斗，要么逃离该情况。

下丘脑－垂体－肾上腺轴也控制着皮质醇的释放，这种荷尔蒙是"战或逃反应"的荷尔蒙之一，因为我们在遭遇压力时会需要它。皮质醇针对压力的释放被称为皮质醇应激反应。皮质醇对身心都有很多作用，能让我们做好应对任何威胁的准备，也可能参与了情绪调节和决策。如果皮质醇在应对压力时释放量太少，那么其导致的迟钝反应被认为与某些方面的执行功能受损有关。执行功能（executive function）是一个神经心理学术语，描述了诸如瞬时记忆、灵活思维、问题解决和自我控制等一系列的心理技巧，每一个技巧都在帮我们进行自我调节。在日常生活中，我们一直都在使用这些技巧管理情绪，完成任务。至于自杀风险，如果下丘脑－垂体－肾上腺轴被扰乱，比如不能释放足够的皮质醇，那身心也许就无法以最佳方式来对抗威胁或者压力源。其连锁反应就是，当下一次遇到压力时，我们的反应可能不会那么有效，我们会更加痛苦，久而久之，我们可能会更容易自杀。

我们在某项研究中调查了皮质醇反应的作用，重点关注了在面对压力时，对比只有过自杀想法的人和从来没有自杀倾向的人，尝试过自杀的人是否表现出了更迟钝的反应。[19] 这项研究是由我的同卵双胞胎哥哥——达里尔·奥康纳（Daryl O'Connor）牵头的，他也是一名健康心理学家，也是压力研究方面的专家。把私人关系放到一边，我实在太幸运能有一个也是心理学教授的双胞胎哥哥了。的确，我俩从读博士起就有过很多合作研究。最近，在《心理学家》杂志的采访中，我们回忆了作为一对同卵双胞胎如何影响了彼此的职业生涯。[20]

回到这项研究上。为了了解皮质醇系统，我们采用了一种实验来引发应激反应。有各种方法可以做到这一点，但我们选用了一种叫作马斯特里赫特急性应激测试（Maastricht Acute Stress Test，MAST）的方法。[21]它既是生理上的挑战，也是心理上的挑战，因为参加实验的人需要把手放到冰水中，同时还要进行一次复杂的心算。我知道，马斯特里赫特关于急性应激测试的元素听起来有点奇怪，但这些压力源结合在一起被证实可以激活下丘脑－垂体－肾上腺轴，因此是一种调查应激系统工作状况的好方法。我们在最近的一项研究中招募了三组人进行测试：那些试图自杀过的人，那些考虑过自杀的人，还有那些从来没有过自杀倾向的人。[22]每个人都被带到我们的实验室里，除了完成一份调查问卷外，我们还请他们在进行测试的前后分别提供了一份唾液样本。这样一来，在监测马斯特里赫特急性应激测试效果的同时，我们还可以追踪测试过程中他们释放的皮质醇量。正如我们预测，在全体研究对象中，那些尝试过自杀的人释放的皮质醇量最低，那些没有过自杀倾向的人释放了最大量的皮质醇，有过自杀念头的人释放的皮质醇量则位于中间。因此，在实验室环境中，当我们在实验室里借助实验造成了压力的情况下，那些尝试过自杀的人，尤其是在过去一年尝试过自杀的人，表现出了更迟钝的反应。尽管我知道这个实验距离真实生活很远，但它仍带来了一些洞见，让我们了解应激系统会如何应对其他的日常压力，比如和亲密关系或者工作有关的压力源。那些有自杀倾向的个体除了在心理上被困住之外，身体似乎也会受到影响。不幸的是，我们还不知道迟钝的皮质醇反应是自杀倾向的原因还是结果，这是另一个需要回答的问题。

在这个部分的开头，我指出了人们早期生活中的困境，也许会通过影响应激系统来增加自杀风险。因此，作为之前联合达里尔进行的研究的后续，我们测试了同一批有自杀倾向的人，调查童年创伤在多大程度上可以解释下丘脑－垂体－肾上腺轴的失调。[23]我们最初在实验室里见到他们的时候，他们也就自己在童年以及青少年时遭受的虐待，或者遭到忽视的情况回答了问卷，让我们得以把他们的回答同他们的皮质醇数据联系起来。结论很清楚：童年创伤最严重的人，释放的皮质醇量最少，这表明他们的应激反应最迟钝。

让我们花点时间来回顾一下这些结论。

在研究中，我们请人们把他们在几十年前可能经历过的任何虐待或者忽视告诉我们，那些自述有着更多这类经历的人在实验里释放的皮质醇更少。更令人震惊的是，在那些尝试过自杀的人群中，创伤是非常普遍的。在我们的样本中，以及在接下来的研究中，约80%的人至少报告了一种童年创伤。[24]还值得注意的是，迟钝的皮质醇反应的害处远不局限在自杀风险上，它和大量有害行为及健康状况也有关。我们需要做更多研究来理解这一切是如何以及为何发生的，以及能做些什么来保护那些脆弱的人。

依恋

尽管早期生活创伤和自杀风险之间存在生物学联系，但另一条需要考虑的重要路径是依恋的过程。依恋关系是早期生活中人与人之间产生的情感联结，这种联结在整个青春期以及成年时期都影响着人与人之间的关系。因此，我并不意外早期生活中发生的动荡有可能会影响到这些联结，因为它们会在我们长大过程中被当作未来关系的典范。依恋有着不同的模式，有些是适应型或安全型依恋，而有些则是适应不良型或者不安全型依恋。在心理学文献中，安全型依恋、回避型依恋和焦虑型依恋（我稍后将依次为它们下定义）是最常见的可能和自杀风险有关的依恋类型。回避型依恋和焦虑型依恋的倾向经常被捆绑在一起，用来描述不安全或适应不良的依恋。

几年前，我参与了一项由我的同事蒂亚戈·佐尔泰亚（Tiago Zortea）牵头的综述，该综述研究了每一种依恋形式同自杀风险的关联程度。[25] 我们考察了五十多项研究，并颇受鼓舞地在超过三十项研究中发现，高水平的安全型依恋和更低水平的自杀念头或自杀企图有关。这是个好消息。所谓的安全型依恋被认为具有保护作用，因为有着安全依恋的个体倾向于认为自己是值得被爱的，并期望身边的人对自己的需求是关心且有回应的。之所以这是个积极的倾向，是因为在大多数情况下，这样的个体会感觉自己的情感需求被满足了。相反，有回避倾向的个体会试着在关系中保持距离或者独立，因为他们对自己以及周围的人都有负面的看法。因此不意外的是，这样的一种倾向通常不会带来有营养以及圆满的关系。悲伤的是，有明确证据表明，回避型依恋和自杀念头及企图有关。在焦虑型依恋和自杀风险之间也发现了类似明确的关系。焦虑型依恋之所以会造成问题，是因为这样的人会拼命寻求别人的认可和接纳，却又很难接受别人的爱，因为他们认为自己不值得被爱。这种依恋类型有时候也被称为先入为主型依恋（preoccupied）或者矛盾型依恋。回想一下社会规定的完美主义，有可能是这种依恋的类型，助长了寻求社会认可的恶性循环，即感觉不到自己的价值，然后越来越努力，去达成那些不可能达成的目标。我很想问问阿曼达（她似乎是一个典型的社会规定的完美主义者）的依恋关系是什么，但我已经有预感她会怎么回答了。在我们这项综述的结论中，我们呼吁提供更多支持，重点关注与依恋相关的应对策略，以降低自杀的风险。

作为这个研究项目的一部分，蒂亚戈也对过去有过自杀企图的人进行了详细访谈。访谈的目标是弄明白不健康的依恋和自杀念头及行为之间的关系。[26] 其中一个受访者，二十二岁的乔安妮曾在前一年试图自杀，她就自己遭遇的某些人际关系困境给出了非常有力的描述。在访谈中，她聊到了自己早年的人际关系，以及它们是如何依然影响着今天的自己的：

> 我不信任任何人，因为我知道人们会离开。就好像我妈妈把我留在了路中间，留在了汽车里，所以，连她

都这么做了——而且她显然是爱我的——那其他人会怎么做呢……我和谁都不建立关系，坚持自己一个人要轻松点。如果明天有人冲着我来了，我会马上跑开，根本不会和他照面。我彻底完了，因为所有人都离开我了。我一定有什么问题，但我不知道具体是什么，问题就在这里，因为每个人都说不是我的原因，但发生的所有事情的共同因素都是我啊。

乔安妮这种被抛弃和没有价值的感觉很明显。她似乎放弃了求生的战斗，把自杀视为人际关系困境的解决方法。她把自己视作问题，似乎不害怕死亡，仿佛已经认命了，想到这点就让人心碎。

二十三岁的克里斯蒂娜，也接受了我们的研究访谈。在很久以前，她就尝试过自杀，现在依然还在服用抗抑郁的药物。显然，她早期的生活经历助长了她的被困感，她是这样描述的：

我的父母对彼此都很暴虐，对我也一样，这让我从小就离开了家。我染上了一些坏习惯，比如十三岁的时候开始吸毒，随之而来的是其他一些不愉快的事情。所以，我感觉自己处在一个循环里，感觉自己有点被生活困住了……甚至我在自己内心都没有一个安全的空间。我也不真正地喜欢自己，因为我不喜欢被困在自己的脑子里，我想要关掉它。

克里斯蒂娜把内部被困（"被困在自己的脑子里"）和外部被困（"有点被生活困住了"）描述得十分悲惨，这在早年经历过困境的人身上分外常见。她描述说自己被困在了痛苦的循环里，没有喘息之机，而她怎么也找不到安全的地方躲起来，也感觉不到安全或者能给自己充电。同样地，她展示出的自我厌弃和消沉也有不安全型依恋的人的特点，这增加了他们的无价值感，认为没人关心他们的死活。

这种自尊的缺乏，感觉自己无足轻重和没有价值的想法，也反映在另外一场马特回忆自杀倾向的访谈中。他今年二十七岁，两度企图自杀：

> 我没有朋友，没有家人，你知道的，我已经衡量过了所有的结果和途径，我真看不出来自己的生死会产生任何影响。我那时候太过抑郁，太过无助……那我干脆走了算了，关灯走人算了，因为这对我来说会轻松点，我也不会在身后留下什么。

在他企图自杀的时候，他的生活中似乎没有任何有效的关系，因此，他一直在思考活着的优点和缺点。但他的说法很有趣，因为他意识到自己对未来的想法（"那时候太过无助"）是狭隘的，他"那时候太过抑郁"。这是一个很重要的提醒，提醒我们被自杀倾向困住是暂时的，情况是会改善的。但困难在于，当人身处在绝望的深渊中时，很难看到这一点。马特的没有朋友和家人的说法，也让我想起了 17 世纪詹姆斯一世时期的诗人——约翰·多恩（John Donne）的诗句："没有人是一座孤岛，可以自全。"这句诗强调了人类联结的至关重要性，以及当人类的联结受到阻碍时，自杀风险就增加了。[27]

动机阶段

　　如果你正在帮助和支持某个陷于挣扎中的人，动机－意志综合模型应该可以帮你分辨出警告标志，意识到他们也许有自杀倾向，或者存在自杀风险。特别是它能帮我们分辨出有自杀倾向但不太可能尝试自杀的人，以及那些迈出下一步的风险更高，会涉及自杀行为的人。显然，搞清楚这样的区别至关重要，因为我们能更好地了解谁最脆弱，以及谁最有可能企图自杀，或者最终死于自杀。这个转变过程是用动机和意志的阶段性来表示的，它们分别应对的是自杀想法和自杀企图。正如我已经指出的，动机阶段的因素导致了自杀念头的出现，尤其是，自杀念头源自你无法逃离的挫败感或者羞耻感。如果你再看一眼表一（见第 90 页），在失败、被困和自杀想法下面，你会看见名为"自我调节因素的威胁""动机调节因素""意志调节因素"的框，其中就包含一些关键因素，能够帮我们理解某人从感觉挫败或者羞耻走到终极的自杀行为。

调节因素是一个统计学术语，被用来描述可能影响两个其他因素之间关系的动向和 / 或力量对比的因素。想想压力和健康的关系，这是理解我所谓的调节因素的一个不错的起点。试想，如果你认识的某人感觉压力很大，但他找不到可以支持自己的人，那么相比有人可找的情况，他陷入抑郁的可能性就会变大。这是因为有人可以求助、有社会的支持是一件好事，也许能帮他应对遭遇的压力，从而减小抑郁的可能性。在这个例子里，拥有社会的支持就充当了一个调节因素，因为它改变了（减少了）压力导致痛苦的可能性。

表一（见第 90 页）中调节因素下有三个距离更远的框，里面列出了一系列心理因素，每个都对应着上面的调节因素框。以"自我调节因素的威胁"为例——它们包括问题解决、情况应对和记忆偏差等心理过程。我们假设每个调节因素都影响着挫败或羞耻和被困的关系，因此，如果它们出现负面的倾向，人就更有可能感觉自己被挫败感和羞耻感困住了。在这样的情况下，这个人好比从模型的左边挪到了右边，在这么做的时候，他们产生自杀念头和行为的可能性就增加了。同样，当我们感觉情绪低落时，我们回忆过去的方式就会被扭曲，因此我们更容易回忆起负面的事情，而不是积极的事情。这是个问题，因为这会放大被困的感觉，我们的头脑会被不好的记忆堵住。这样的扭曲被称为自传记忆偏差（autobiographical memory biases），它会影响我们解决社

会问题的能力。[28]之所以出现这种情况，是因为我们通常会依赖过去解决某个社会问题时的具体细节，来帮助我们解决现在的新问题。但当我们情绪低落或者有自杀倾向时，这种偏差会阻止我们回忆起相关的细节，从而导致我们在解决问题上更加低效，更容易感觉被困。[29]

我们来看看三十二岁、单身独居的艾萨克，他的故事是记忆偏差能影响问题解决能力的极好例子。他一直都和自己的全科医生保持着规律的联系，因为他感觉非常低落并有自杀倾向，他将其部分归咎于一桩家庭矛盾。过去的其他经历，包括遭受职场霸凌，也是他情绪低落的原因之一。由于那桩家庭矛盾，他和自己的父母疏远了，尽管他真心想要修复和他们的关系，但就是无法想出要怎么做。在此之前，他也有过家庭矛盾，可都被成功地解决了。当我问他的时候，他很难回忆起解决矛盾的具体细节，但能举出大量而详细的事例，来讲述和家庭情况有关的负面影响。就自传记忆偏差而言，艾萨克的故事很典型。更雪上加霜的是，他对于之前和解的正面记忆太过于笼统了，它们缺少能帮他思考出解决当下家庭危机的策略所需的细节。

截断通往被困和自杀念头的路径

让我们试着稍微多展开一下动机阶段，方法是想想自己生活中，一开始感到被某个社交（人际的）情况打败的时刻；再选择一个你能够解决的、以积极的方式结束的情况，可以是工作中或者学校中遇到的问题，也可以是和朋友之间的矛盾：

· 它是怎样一件事？
· 你是如何解决它的？
· 花几分钟想想这样一个情况。

想象一个情况，把它和动机 - 意志综合模型联系起来也许有用：

想象你不断地和一个同事发生矛盾，你感觉自己的声音从来未被倾听。矛盾变得越来越激烈，你不知道要怎么解决这个状况，你全部的能量都耗在了每次冲突后的情绪管理上。这些矛盾真的让你情绪低落，因为每次会议都以激烈的争吵告终，你感觉非常挫败，并被困在这种情况下。于是，你陷入了一成不变的生活，不知道还能做些什么。但是，在和一个朋友交谈时，朋友鼓励你和那个同事开诚布公、不带偏见地讨论这个矛盾。讨论是有用的，因为你发现你让同事想起了以前的另一位一直很粗鲁的同事。因此，每当你在场时，这位同事总是感觉紧张，而紧张的表现就是争吵。总之，通过说清楚矛盾，你们最终一起解决了它。

现在让我们用动机－意志综合模型来拆解这个情况。

首先，通过终结不断重复的争吵，从挫败到被困的路径（或者链接）就不太可能形成了。解决这个问题，就能缓和挫败和被困之间的关系，因此，这个解决方案让继续感觉被困的可能性变小了。通常，调节因素有两种作用方式：它们既可以削弱，也可以增强一种关系。在上面的例子里，有效的问题解决方法（心理学家也会将其描述为专注问题的应对方式）削弱了挫败和被困之间的关系。反之，如果你以不同的方式应对了这个情况，比如只是故步自封，不去尝试解决矛盾，也许更有可能感觉自己仍然被困，因此强化了从挫败到被困的路径。削弱和强化都是调节的例子。当一个调节因素具有保护作用时，我们常称它是缓冲器（buffer）——而所有人在生活中都需要缓冲器！

当你感觉挫败时，为什么不试着用动机－意志综合模型中的因素来描述你之前想到的那个情况（在职场、学校或者和朋友相处时遇到的问题）呢？你是否使用了"自我调节因素的威胁"来战胜挫败感？你是如何应对所经历的任何痛苦的？

现在让我们来看看诱发自杀念头的路径。"自我调节因素的威胁"强调从挫败到被困的转变，而"动机调节因素"则是一组

增加或者降低从感觉被困到自杀念头的可能性的因素。举个例子，
受挫的归属感、感觉自己是他人的负担、对未来几乎没有积极想
法以及缺乏社会支持，这些都会使自杀想法更可能从被困的绝望
中产生。但需要强调的是，自杀念头不是被困的必然后果，不是
所有的"动机调节因素"都会让情况更糟。也有些因素是保护性
的，正如上面提到过的，它们是缓冲器。大部分被困的人都不会
产生强烈的自杀倾向。关键是，如果我们能够针对那些伤害自己
的因素进行干预，我们就能保护那些感觉被困的人。但是，我们
所面临的挑战是发现哪些人感觉被困住了，并知道如何以及何时
干预，以确保他们的安全。我会在第三部分，介绍要如何提供帮
助以保护人们的安全。

对未来的正面想法的作用

我们对未来的想法，在帮我们穿越黑暗人生胡同的过程中，
十分重要。如果我们感觉被困住了，举个例子，如果我们没有什么
正面的东西可以期望，那自杀念头就更可能出现。出于这个原因，
对于未来的想法也作为一个动机调节因素，被纳入动机－意志综
合模型中。

基于安德鲁·麦克劳德（Andrew MacLeod）的研究，我们花
了很多年试图搞清楚对于未来的想法和自杀风险之间关系的本质。
麦克劳德是伦敦大学皇家霍洛威学院的一位临床心理学家，他在

20世纪90年代率先开展了这项工作。具体来说，他开发了"未来思考任务"（future thinking task），这个相当直白的口头任务让人们说出自己期待或者担心的未来的事情。[30] 这个任务允许我们接触到人们对于未来的正面和负面想法。正面想法包括"要去度假""见男朋友""出门吃晚饭"这类的任何事情，而负面想法则是"和伴侣吵架""丢掉工作""要生病了"这类人们就自己所担心的事情给出的答案。

麦克劳德的初步结论令人震惊。他询问了有过自我伤害行为或者自杀企图的人对于未来的想法，并同那些没有自杀倾向的人的回答进行了比较，从而得到了一个清晰的模式：相比那些从来没有过自杀倾向的人，有自杀倾向的个体对于未来的正面想法更少；同时，那些抑郁的人对于未来的正面想法也更少。除此之外，他们对于未来的负面想法似乎没有什么不同。我们和其他研究小组也都发现，那些尝试过自杀的人缺乏对于未来的正面想法。[31] 最近，我们发现，人们想象正面未来情况的预期度，与自杀企图后几周的康复情况密切相关——比起那些对于未来有更多正面想法的人，那些刚经历了一次自杀未遂，并仅能产生一点对于未来的正面想法的人，在此后的两个月里的自杀倾向要严重得多。[32] 因此，对于未来的正面想法在短期内可能是有保护作用的。

但是，和生活中的绝大部分事情一样，对于未来的正面想法和自杀行为之间的关系比我们最初设想的要更复杂。简而言之，尽管对于未来的正面想法似乎在自杀未遂后的几周里有保护作用，但如果对于未来的正面想法无法达成的话，那些特定的想法也可能在一段时间内会反过来更直接地加深一个人所身处的黑暗。这个结论是我在其中一项研究后得出的，当时我们跟踪了有过自杀企图的人在之后十五个月的情况。[33] 简单来说，我们发现那些被我们称为有着高水平"内心型"正面未来想法的人，更容易再次试图自杀。"内心型"正面未来想法只涉及个体本人，不涉及他人的想法，并包括诸如"我想要康复""我想要更自信""我想要快乐"一类预期的想法。举个例子，我们的担忧在于，如果随着时间流逝，其中的一个正面未来想法是"从抑郁中康复"，但到时候他们没能康复，那他们就回到了被困—自杀念头—被困的绝望循环之中。

当我们努力理解自杀风险时，我认为有两个关键结论。首先，总体来说，对未来怀有正面的想法是好事，我们应该尽可能帮助人们，去保持对未来的希望和渴望。其次，在怀着对未来的正面想法的时候，切合实际很重要，这样一来，如果特定的希望，或者对于未来的正面想法无法实现时，不妨考虑一下不同的未来愿望。我们需要对自己的不足有更多的自我接纳和自我同情，并提醒自己每个人都会经历失败，这是没问题的，这是更广泛的人类境遇的一部分。

应用动机阶段理解人们的生活

作为这个部分的结尾，下面两个故事分别描述了某些动机调节因素造成伤害以及起到保护的作用：

三十多岁的夏洛特在我的一场演讲结束后找到了我。尽管她从来没有尝试过自杀，但已经怀着自杀念头生活很多年了。她认为问题是自己从来没有归属感，一生都在努力融入，一直感觉自己像一个局外人。她住在乡下的一个社区里，是一名跨性别者，在开始跨性别过程时，她父母和她断绝了关系。她有很长的精神健康问题病史，一直可以回溯到青少年时期。夏洛特告诉我，尽管和性别认同有关的烦躁不安情绪，从跨性别过程开始后就有了好转，但她依然感觉自己在心理上被困住了。哪怕她不再感觉到"被困在了她的身体里"，她还是被痛苦情绪包围，感觉自己在情绪上遭到了囚禁。她不过是渴望父母能接受真实的自己，不过是想要有归属感，感觉自己有价值、被视为家庭的一分子、受到珍爱。

根据动机－意志综合模型，是未能被满足的归属感加上被困的感觉，放大了夏洛特的自杀念头。值得庆幸的是，我见到她的时候，她状态很不错，但她的自杀念头还会反反复复，直到她受挫的归属感这一问题得到解决为止。这种归属感的缺失似乎具有破坏性，并起到了调节作用，或者说强化了被困与产生自杀念头的关系。

二十四岁的阿娃在青春期末尾尝试过一次自杀，如今，她感觉自己很安全。她的故事并不特殊：在学校里遭到了霸凌，因自尊过低而备受折磨，直到今天依然觉得很难认识朋友，维持友谊。她怀着一种深深的负罪感，因为在她看来，自己是一个"有问题的"青少年。十几岁时她和警察有过几次冲突，她很后悔给父母带来了很多痛苦。在二十岁生日的前几天，她感觉受够了。她还记得，当时她认定自己一文不值，只是家庭的负担。如果她死了也没人会记得她，她觉得自己做的所有事情都是错的，她只想要结束这一切。接下来的记忆就是她在医院里醒过来，不知道自己在哪里，也不知道是如何到这里的。幸运的是，阿娃企图自杀却侥幸生还，被转诊给了一位精神科专科护士。这成了她的转折点，因为她和这位护士建立起了真正的联结，后者也安排她的全科医生让她转诊，并让她接受了一次孤独症测试。当我遇到她的时候，她说自己情况不错，在确诊孤独症后，她对自己的价值有了新的感受。

"现在一切对我来说都有意义了。"她大笑着说道，因为她如今掌握了一种新的语言来理解自己的感受，理解为什么这么多年来她会在社交方面遭遇困难。她过去觉得家人认为自己"奇怪""无法预测"，但如今她不会这么想了，因为她"不再是他们眼中的问题了"。对她来说，一切都改善了，如今她在大学里，学习金融方面的课程，因为有了真正的生活目标而振作。关键是，她不再感觉自己是家庭的负担了。尽管她有时候依然会感觉自己被困住了，但她能够驾驭这种痛苦，使其不再升级成与死亡有关的想法。阿娃的故事描绘出了另外一个动机调节因素：负担感及其所带来的保护效果，它展示出对于某些人来说，自杀念头的原因是可以被确认的，而相应的效果是可以被消除的。

另外，阿娃的故事也反映了一个更广泛的问题。对于处在孤独症谱系[*]中的人而言，有自杀念头和行为的风险会增加的情况，直到最近人们依然少有认识。准确理解其原因依然很困难，但心理学家——萨拉·卡西迪（Sarah Cassidy）、西蒙·巴伦-科恩（Simon Baron-Cohen）最近的研究显示，伪装——掩盖孤独症的特征以适应社交场景——连同想要获得支持、但未能被满足的需求，的确同自杀有关。[34]同样获得承认的是，和孤独症有关的自杀死亡（数量）也可能被低估了。我们还有大量工作需要做，以理解这些特殊的风险，同时了解什么能在自杀面前保护有孤独症的个体。[35]我们也需要做更多来帮助像夏洛特这样的年轻跨性别人群。[36]

　　这一章主要聚焦于导致自杀念头产生的路径。我希望它能帮你理解自杀念头如何以及为何出现，同时也能认出周围人身上的警示标志。在下一节里，我将会分析动机－意志综合模型的意志阶段，这一节讨论的是一个重要的话题，即为什么有人会将自杀念头付诸行动，而有人则不会。

从自杀念头到自杀行为

我从没想过他会做那件事。他去世前几周告诉过我

他有死的想法，但我太过害怕，没直接问他是不是会自杀。我从没停止过问自己，为什么我当时没有问他。我没有一天不用这个问题折磨自己。现在回看，我还是不认为他是那种会自杀的人。我知道这听起来有多荒谬，但他就是那么一直充满活力啊。

这段话出自一个心碎的母亲之口，在她儿子去世约一年后，她和我进行了对话。由此可见，要想预先认出一个会执行自杀念头的人是多么困难。在我们努力提升自己预测自杀行为的能力的同时，我们应该永不停歇地努力保护那些脆弱的人。在自杀研究及预防领域中工作的每一个人，都在和这个日常最艰巨的挑战搏斗——在那些想着自杀的人中间，认出更可能尝试自杀的人。动机－意志综合模型的意志阶段（见第 120 页）就是我面对这个挑战的尝试，去理解从想着自杀到尝试自杀的转变。意志阶段这个术语被广泛地应用在心理学中，意为个体形成行动意图后的阶段；另一方面，动机阶段描述的是该行动意图形成的过程。

动机－意志综合模型这一阶段的目标是锁定特定因素，标记出大约三分之一会跨过自杀倾向的悬崖边缘，完成从自杀念头到自杀行为转变的人。[37]当一个人采取行动后，其自杀方法的潜在致死性——"个案死亡率"（采用这个方法自杀死亡的数量除以这种方法的自杀企图的数量）——会影响到这个自杀行为是否致命。运气或者机缘也可能扮演一定的角色，决定这个自杀行为是否会导致死亡。

在这一节里，我会带你厘清需要关注的事。

意志阶段包含了八个关键的因素，如下文表二所示，这些因素会增加某人把自杀念头付诸行动的可能性。对意志阶段更详细的描述是我和同事兼好友——奥利维娅·科特利（Olivia Kirtley），在 2018 年更新模型时增补的。[38] 表二中每一项因素的正下方都包含了一个问题，可以帮你想想这一点是否涉及你认识的某些人。这些因素就好像是连接自杀想法、自杀行为的桥梁。虽然我们修桥通常是为了让行人能安全地从 A 点到 B 点，但在这里，我们想要的是在想象中修起这些比喻意义上的桥，然后，尽我们一切所能把这些桥炸掉，确保尽量不要有人从自杀念头过渡到自杀行为上。正如你所看到的，这些意志因素可以和环境、社会、生理或者心理有关。

2018 年，我在华盛顿的美国自杀学协会会议（American Association of Suicidology Conference）上做了一次类似 TED 演讲的讲话，之后，与会代表中的一员肯·诺顿（Ken Norton）在推特（Twitter）上将这八个因素描述为"连接了自杀念头和行为的八个特征"。[39] 我非常喜欢这个说法，之后就一直在用它，因为我认为它真正抓住了我想用意志因素来表达的核心。让我们依次来看看每一个特征。

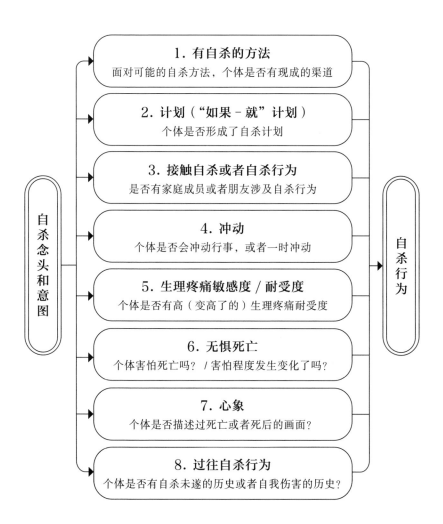

表二　意志阶段的八个关键因素：从自杀念头到自杀行为的转变 [40]

有自杀的方法

第一个就是有自杀的方法。这是一个环境性质的意志因素。如果有人在考虑结束自己的生命时——也许不让人意外的是——能直接接触所选择的自杀方法，他们就更可能化想法为行动。没错，根据什么能防止自杀的研究证据来看，最强有力的防止自杀的研究证据就是限制自杀方法的获得。[41] 简而言之，任何对自杀行为所设置的环境、社会或心理障碍的干预措施，都有助于挽救生命。关于这一点，几年前英国有个清楚的例子，虽然来自一个意想不到的方向。20 世纪 50 年代之前，住户使用的家用燃气是从煤炭中提炼出来的，是有毒的，因此很多人通过一氧化碳中毒的方法自杀身亡。但是，随着 20 世纪 50 年代末期无毒的天然气被引入英国，一氧化碳中毒自杀在 20 世纪 60 年代和 70 年代减少了。没错，估计有 6000 ～ 7000 条生命因为燃气供应的变化而获得了拯救。[42]

引进天然气对自杀率的影响被记录在了爱丁堡精神病学家诺曼·克赖特曼（Norman Kreitman）牵头的一项开创性研究中，他在研究中强调，总体上，如果我们限制特定的自杀方法，不会导致所谓的"替代效应"（substitution effect）。[43] 在一氧化碳致死的例子里，当这类死亡减少时，因为其他方式而导致的死亡人数只有少量的增加。总而言之，短期内人们不会倾向于用别的自杀方法来替代遭到了限制的自杀方法。然而，为了防止新的自杀方法出现，保持警觉也是很重要的。[44]

多年以来，还有其他的公共卫生创新举措，直接或者间接地导致了自杀的减少。其中，包括在汽车排气管上安装催化转化器，更严格地规范进口和销售杀虫剂，立法限制扑热息痛和其他止痛药的销售——一次只允许销售一板十六颗的包装。[45] 英国对扑热息痛的立法是在 1998 年，几年后，牛津大学的精神病学家基斯·霍顿证实在该立法生效后，涉及扑热息痛的自杀死亡减少了 43%。[46]

最近，墨尔本大学的教师简·皮尔克斯（Jane Pirkis），也是如今和我共同编辑《国际预防自杀手册》的好朋友，和她的同事们研究了在相关地点（比如桥梁）进行自杀干预的效果。简和同事们检验了三种干预方式：那些限制自杀获得方法的（比如在桥梁上安装栅栏或者防护网）、那些鼓励寻求帮助的（比如安装指导受困的个体联系危机热线的标志），以及那些增加了第三方干预以拯救生命的可能性的（比如在相关地点安装监控摄像头）。[47] 研究发现每一种方法都和这些地点自杀死亡的减少有关。但是，哪怕有了这些乐观的结论，我们依然不知道，共同设置这些干预措施是不是比起单独实施更有效果；也不清楚，是否不同的干预措施在不同的脆弱群体中有着同等的效果。但无论如何，这些真正拯救了生命的干预措施针对的是意志阶段，并展示出了这种大规模干预的潜在好处。

预先规划或"如果-就"计划

接下来，如果人们有自杀的念头，第一个要问的问题就是，他/她是否已经有了自杀的计划。如果答案是肯定的，下一个要问的问题就是他/她的计划有多详细，以及是否有了现成的渠道获得执行计划的方法。如果这些问题的答案都是肯定的，那就表明这个人不知道能否保证自己的安全，当下就是阻止其行动的时候了。如果你认为自己无法独自保证其安全，请联系全科医生或者精神健康专家，有必要时联系急救服务。

我们从大量针对目标驱动的健康行为的心理学研究中得知，如果一个人形成了被称为执行（implementation）的意图（比如，我下周打算健康饮食，每天吃五份水果和蔬菜），相比那些只形成了目标意图的人（比如我打算健康饮食），他就更有可能执行这个行动。[48] 这同样适用于自杀行为。执行意图包含了"如果-就"计划，因为它们明确了一个特定的目标导向行为，在何时何地将被执行。它们被称为"如果-就"计划是因为它们有一个给定行为的触发因素，以及和这些触发因素相关的反应。（比如："如果我感到了压力，就会吃不健康的零食。"）它们能帮我们识别出不同行为的先兆，并相应地被转化成更好的支持。

通常，当我们考虑公共卫生语境下的执行意图时，我们寻求的是鼓励促进健康的行为，比如倡导健康饮食或者锻炼。然而，在自杀预防的语境下，我们试图做的是相反的事情。当人们感到有压力的时候（所谓的"如果"），我们不想人们涉及自杀行为（所谓的"就"）。试图打破"如果"和"就"之间的联系，通常我们会尝试重绘"如果－就"的联系，好让自杀行为更不可能成为针对任何触发因素的反应。

如果我们把自杀视作行为，我们就知道那些曾有过自杀行为的人更有可能再次自杀。心理学的其他领域公认，过去行为是对未来行为的最好预测。部分原因是，当我们涉及任何行为时，都会留下记忆痕迹，将触发因素和行为联系起来。结果就是，下一次我们遇到同样的触发因素的时候，可能就会产生同样的反应。如果我们认为某个人之前的自杀企图是因感觉自己被精神痛苦困住而引发的，那当他再一次感觉自己被困住了，他再次执行自杀行为并死于自杀的风险就增加了。

克里斯·阿米蒂奇（Chris Armitage）和我想要探索这些"如果－就"的关系，从而减少自杀行为。基于克里斯之前做过的针对其他健康行为的研究，在几项研究中，我们把"如果－就"计划嵌入了一个定制的意志帮助表（Volitional Help Sheet，VHS）中。[49] 在这份意志帮助表上，列出了12个会引发人们自杀行为的常见触发因素，或者情况，从"我想要从糟糕的精神状态中解脱"，到"我感觉被困住了"，或者是"我感觉很无助"。相邻的一列中列出了12个潜在的解决方法，这些解决方法来自临床心理学，它们概述了在其他临床场景中被证明有效的治疗技巧。这些解决方法是"如果－就"计划语境中的"就"，它们包括从转移注意力（"那我就做点别的事情来代替"）到寻求社会支持（"那我就找一个能倾听我的人"），以及进行冥想的所有方法。帮助表的功能是鼓励人们仔细考虑自杀行为的触发因素，然后通过在情况和解决方法之间划出界限，将这些触发因素和不同的反应连接起来（比如，不要进行自我伤害）。研究的参与者们也被鼓励根据自己的意愿，在情况和解决方法之间做出连接。制造这些连接的目的是下一次他们感觉自己被困住的时候（遇到了情况），他们的反应不会是自我伤害或者自杀，而是会选择另外的解决方法。举个例子，他们会去找一个愿意倾听的人。

考虑到导致自杀行为的因素的复杂性，仅仅使用帮助表干预是无法预防自杀或者自我伤害的；但它可以作为一个有用的工具，对常规手段进行补充，在人们身处危机之中时，帮着把他们从自杀行为边缘推开。需要着重强调的是，我从未试图把治疗自杀行为或自我伤害的方法浓缩到一张简单的帮助表中。其实，当克里斯和我刚开始讨论设计意志帮助表，来帮助有自杀倾向的个体时，我是有点存疑的。然而意志帮助表似乎确实帮助了一些人，让其去仔细思考自己的自杀触发因素，并考虑了不同的反应方式，因此，它在某些时候对某些人是有用的。但是，和所有潜在的解决方法一样，它们只对特定的人有效。我仅把意志帮助表看作很多工具中的一个，而这些工具都可以在降低某人跨过自杀的悬崖边缘、把想法付诸行动的可能性上，扮演一个微小的角色（见第三部分）。

针对意志帮助表是否有效这个问题，我们已经进行了两项研究，目标是在产生自杀行为后入院接受治疗的人，而两项研究都有鼓舞人心的发现。其中一项研究是在马来西亚进行的，研究结果表明，那些完成了意志帮助表的人出现自杀的风险降低了。[50]另一项研究是在苏格兰进行的，包含了一项完全随机的临床试验，对象是在自杀未遂后被收治入院的患者。[51]六个月后，当我们跟踪这些参与者的情况时，我们发现意志帮助表似乎对于后续因自我伤害而入院的人的总数没有任何影响。但当我们进行了一些额外的分析后，一个有趣的规律浮现了出来：我们发现对于那些真正完成了意志帮助表的患者，以及在参与我们研究之前就因为自我伤害而住过院的人，意志帮助表似乎是有效的。尽管这群患者并没有完全停止自我伤害，但在研究的六个月里，他们自我伤害的次数比那些只接受常规治疗的人要少。这是鼓舞人心的发现，但我们还需要更多的研究来再次核查意志帮助表对那些有过自我伤害历史的人的有效程度。

接触自杀或者自杀行为

作为一个两度被自杀夺走了所爱之人的人，我花了大量的时间来思考这第三个意志因素，以及它对我自己的自杀风险的影响。关于这个意志因素对我的孩子们的影响，我也想了很多，不仅是他们因我的工作而间接接触了自杀，也有我的好友克莱尔的死亡对孩子们的自杀风险的影响。当涉及自杀导致的亲友离世时，我这种恐惧和担忧是非常普遍的。没错，我还没有遇到过任何一个因自杀而失去了所爱之人的人，不担心自杀风险会在自己的后代或者亲近之人身上产生连锁反应。

安杰拉·萨马塔（Angela Samata）是纪录片《自杀之后的生活》（*Life After Suicide*）的出品人，该影片获得了英国电影电视艺术学院奖（BAFTA）的提名，并获得了心灵媒体奖（Mind Media Award）的最佳实况电视纪录片奖。我们第一次见面时她最先问我的一个问题是："我的孩子们有自杀风险吗？"[52] 十多年前，安杰拉的伴侣因自杀去世，作为两个孩子的母亲，她最大的一个恐惧就是：她的孩子们会部分受到父亲自杀的影响而结束自己的生命。我试着让她放心，强调自杀不是由单一因素导致的，因此尽管存在着风险，重要的是要把风险放到环境中来看。《自杀之后的生活》是一部非常震撼的纪录片。在影片中，安杰拉环游英国，和因为自杀而失去了所爱的人们见面，探索自杀带来的那令人绝望的冲击，探索他们所经历的耻辱，以及他们为了理解这一最复杂的现象而付出的努力。

我作为英国广播公司（BBC）的顾问参与了这部纪录片，我也是安杰拉在银幕旅程中遇到的人之一。我聊起了我们为了理解人们为什么会死于自杀而进行的研究。尽管我在片中主要负责提供专业意见，导演利奥·伯利（Leo Burley）仍问我愿不愿意在镜头前，去谈论自己所爱之人死于自杀的经历。一开始我很抗拒，因为我之前从来没有在公共平台上谈论过这些个人经历，但考虑了一下后我同意了，而且我很庆幸自己这么做了。因自己所坦露的内容而收到的反馈让我心暖，这些内容似乎也帮助到了其他人。[53] 从那一天起，我就决定既从专业角度也从个人角度来坦陈自己经历的个人伤痛，以及它们对我的影响。实际上，我认为如果我没在这部纪录片里聊到自己失去所爱之人的经历，我就不会写现在这本书。

《自杀之后的生活》在 2015 年开始首播，自此之后，它被全球五百多万名观众观看。另外一个优秀的例子是《勇敢点》(*Man Up*)，这是由慈善机构 Movember 资助的一系列宣传纪录片，影片于 2016 年在澳大利亚开始播出，得到了 260 万澳大利亚人的观看。墨尔本的简·皮尔克斯和同事们在一项研究中指出，在其播出的同一时间里，这部纪录片增加了男性在遭遇困难时寻求帮助的可能。[54]

安杰拉问我，在失去了一个亲近之人后，自家孩子发生的自杀风险——以及包括她自己在内的其他人发生的自杀风险。听到这个问题，我先是强调了接触自杀和自杀的关系很复杂这一点。毫无疑问，有证据显示，亲近之人死于自杀和自己死于自杀的风险的增加有关。[55]

在 2014 年发表的一项针对这类研究证据的综述中，伦敦大学学院的亚历桑德拉·皮特曼（Alexandra Pitman）和同事们总结道："因自杀失去了伴侣的人的自杀风险增加了，失去了成年子女的母亲的自杀风险也增加了。"[56] 他们还指出，因自杀而失去了父母之一的儿女们的抑郁风险也增加了。有很充分的证据显示，父母的自杀和子女的自杀有关，且如果死亡发生时子女们还年幼的话，母亲自杀导致的风险要大于父亲自杀导致的风险。[57] 除此之外，在2020 年另一项更晚近的研究中，父母自杀和成年子女自杀行为之间的关系被进一步强化了。[58]

但需要着重强调的是，接触自杀这件事本身不会导致自杀。它的效果是更间接的，正如我一再重复的，自杀从来不是由单一因素导致的。按照动机－意志综合模型的理论，接触作为一个社会意志因素，会增加某人将自杀念头付诸行动的可能性。除了情理之中的失去所爱之人所造成的影响，接触自杀并不会直接让一个人产生自杀倾向。显然，如果父母中的一人结束了自己的生命，这个经历会是创伤性的，尤其对于小孩来说。失去伴侣也是一样的情况。除了失去所爱之人的创伤和痛苦，接触也可能会经由社会模仿（social modelling）的过程来增加风险。接触同我们亲近的某人，或是某个身份相似的人（比如同样年龄或者有同样背景）的自杀行为，会增加我们模仿或者效仿同样行为的可能性。这种所谓的社会模仿对于自杀行为和其他任何行为都是一样的。对所有人来说，我们自己的行为都受到了他人行为的影响。

心理学家和其他研究人员也会讨论认知可及性（cognitive accessibility）或认知可用性（cognitive availability）的影响，这也是接触和自杀风险之间的潜在联系机制。[59] 如果一个好友或者家庭成员企图自杀或者死于自杀，那我们自然而然会花时间去想、去谈论自杀，而这就给了自杀一个认知上的显著性，而之前它也许不是那么明显的。随后，这种显著性也许就会让自杀更有认知可及性，在我们未来遭遇困难时，让它更有可能进入我们的意识中。

在继续之前，我想要提供一点宽慰：绝大部分因自杀失去了所爱之人或者暴露在自杀前的人永远都不会产生自杀倾向，也肯定不会结束自己的生命。我曾见过一家人，他们在几个月前失去了二十多岁的儿子。在儿子死后的几周里，母亲去见了一个咨询师，尽管她的记忆模糊不清，但她在结束一次咨询离开时被吓呆了，也伤心极了，因为咨询师告诉她，其他小孩的自杀风险因为这起自杀翻倍了。在同这位母亲聊过之后，我能拼凑起来的是，那个咨询师混淆了相对风险和绝对风险，这些是我会努力解释的统计术语。当然，听闻你自己或者某个人有患上某种疾病的风险（比如癌症），或者遭遇某种不良事件（比如自杀）的风险翻倍都是让人害怕的，但那具体是什么意思呢？为了理解风险"翻倍"，让我们看看接下来的例子，理解什么是绝对风险，什么是相对风险。

在某个人群中，没有因自杀失去了所爱的人，自杀死亡的绝对风险可能是十万分之十；而因自杀失去过所爱的人自杀死亡的绝对风险可能是十万分之二十。如果按照自杀的相对风险来看，后者的自杀风险似乎比前者翻倍了；但绝对风险，即自杀的可能性还是相对较低。所以尽管每一例自杀死亡都是一场悲剧，风险在统计学上是真实的，它依然是很小的，而降低后续的风险是一项真正需要平衡的工作。重要的是，还要记住，自杀源自一系列因素的复杂互动，不仅是因为一个因素，而且风险会随着年龄、背景，以及和丧生之人的关系而变化。[60]

社交媒体

最近几年，多如雪崩的媒体报道在为各种社会问题批评社交媒体，其中就包括了自杀和自我伤害。

当媒体报道年轻人自杀身亡的悲剧时，经常有误导性，他们常常把导致自杀的大量因素缩减成某个单一因素，即社交媒体。没错，奈飞（Netflix）的纪录片《社交困境》（*The Social Dilemma*）就是这样呈现美国儿童和青少年自杀风险是如何增加的。[61] 我感激这个纪录片，因为它敲响了警钟，警告过度使用社交媒体的危险，这本身是值得表扬的。同时，我发现这部纪录片在某些方面有吸引力，且信息丰富，但在提到年轻人自杀这个影响了如此多人的重要话题时，却进行了简单化且缺乏证据的呈现。纪录片的主创们呈现了一些数据——来自美国疾病控制和预防中心的非常骇人的数据。他们表示，从 2009 年起，在 15～19 岁的少女中，自我伤害率增长了 62%；而在 10～14 岁的少女中，自我伤害率则增长了 189%。更让人担忧的是，他们强调指出，相比 2001 年和 2010年的平均数据，15～19 岁的少女的自杀率增长了 70%，10～14岁的少女的自杀率则增长了 151%。[62]

当然，网络霸凌是这些悲剧性死亡中部分案例里的影响因素，但没有证据表明，这惊人的自杀和自我伤害数量的增加可以全然归罪于社交媒体。[63] 正如纪录片中的一些内容提供者强调的，我关心我们的自尊和身份认同在多大程度上与社交媒体"灌输给我们"的社会认可是联系在一起的。一方面，使用社交媒体可能对睡眠造成负面影响，因为其重度使用时间是在夜里，而睡眠对我们的心理健康又是如此必不可少；另一方面，之前我聊到的追求社会认可的恶性循环，以及它同社会规定的完美主义的关系，这些也是影响自杀率的重要因素。无论我们如何使用社交媒体，这些都是我们很多人每天都要面对的真实情况（见第94页）。

但是，在《社交困境》中，似乎自杀或自我伤害的原因都指向了社交媒体。对此我持不同意见，因为没有证据支持这种简单化的说法。简短的回答是，我们不清楚为什么年轻女孩群体里的自杀率上升了。毫无疑问，社交媒体位列影响因素之中，但与其将它视为一个直接的风险因素，不如说它是一个间接的风险因素。但我们明确知道的是，自杀数量增加的年份和"大萧条"之后经济下行的年份是相符的。[64] 我们确实知道，心理健康问题在这个年龄组中变得更普遍了，我们还明确知道的是，年轻女孩们在企图自杀时，使用了更加致命的方法，因此她们更可能身亡。[65] 我们还知道，儿童和青少年心理健康服务面临着巨大的压力，等待治疗的名单很长，而在某些国家，自2008年的经济萧条开始，相关预算就在逐年缩减。而在揭示年轻女性自杀率上升的原因时，所有这些因素就会混在一起。与此同时，我们必须保持警觉，集中精力去试着更好地理解相关风险的本质，以及谁可能面临特殊的风险、我们要做些什么来降低风险。我们也因困境忽视了潜在的好处，因为社交媒体不会在短期内消失，所以我们应该利用它们来做好事。

过去十年有一系列关于使用社交媒体和自杀之间关系的系统性综述，总结了使用社交媒体和不同程度的自杀风险（如自杀想法、自我伤害和自杀企图）的相关性。[66]但是大部分的研究调查都并非使用社交媒体和自杀本身之间的直接关系，而是由自杀企图或者自我伤害推导到自杀，从而得出结论。

在思考使用社交媒体和自杀企图，或者自我伤害之间的关系时，研究潜在的好处和研究潜在的害处同样重要。举个例子，尽管有的年轻人报告，他们在社交媒体上有过负面的交流，但很多的交流都起到了支持作用，人们对这些年轻人表示了同情，帮助他们应对自己的精神痛苦。当然，我还能举出社交媒体提供社会支持的其他例子，以及为年轻人提供自我伤害预防或自杀预防资源的例子。总体上，我们能确定社交媒体和风险有关，尤其对那些本就已经脆弱的年轻人来说，但需要采取慎重的方式来理解社交媒体在自杀风险中的角色。除此之外，我们也已经见到了社交媒体的好处，它们能被用来帮助年轻人，而不只是阻碍年轻人。

媒体呈现

20世纪90年代末期，我被一项有趣的研究的结论震惊了，这项研究发现，人们进行自我伤害的可能性，会受他们在电视上看到的内容影响。研究中，研究人员们对英国医疗剧《急诊室的故事》（*Casualty*）中，一次故意过量用药的情节表示了兴趣。[67]他们想要看看在这一集播出之后，英国范围内过量用药的案例数量会不会增加。结果是在该剧首播后的一周里，因自我毒害而入院的人数增加了17%。除此之外，由过量用药的人组成了子样本（subsample），他们在接受访谈时，20%的人表示观看那一集电视剧影响到了他们做出自我伤害的决定。

现在，让我们快进到2017年，奈飞播出了现象级的成功剧集《十三个原因》（*13 Reasons Why*）。[68]剧集围绕着少女汉娜·贝克的自杀，以及她结束生命的十三个原因展开。紧跟着剧集上线，我和数不清的、从事自杀预防工作的同行们，都在担心它也许会引发自杀倾向的传染，尤其是在年轻人之中。这种担忧让奈飞为剧集添加了额外的警告。我们担心这个剧违背了国际媒体有关自杀报道的指导意见。这些指导意见不是试图要审查节目主创们，它们是想要努力在媒体上，推出对自杀进行负责任的、合乎伦理的报道。[69]它们提供了实操建议，比如不要给出自杀方式这类不必要的信息，或者透露死亡地点，避免使用情绪化的标题，不要对自杀原因进行简单化的解释，而要推广和康复有关的信息。

尤其是在剧集的最后一集里，对汉娜自杀的展示是真实而毫无必要的，这是指导意见要求——不对死亡方式进行展示——的反面。当时我在一篇博客文章里写道，把汉娜的自杀描述为不可避免，描述为自杀是她唯一的选择，毫无益处。[70]该剧暗示寻求帮助的做法不会真的帮到人们，而且我感觉自杀造成的后果也被美化了。一项针对《十三个原因》首播三个月后相关情况的研究，加剧了我们的担忧。[71] 尽管该研究的作者呼吁公众在解读自己的发现时要谨慎，但他们发现紧随着剧集上线，美国 10 ～ 19 岁的男性和女性的自杀案例分别增加了 12% 和 22%。[72] 但是，这项研究中用到的分析方法尚存在一定争论。[73] 一项针对美国、英国、巴西、澳大利亚和新西兰的未成年人及其家长们的调查也受奈飞委托由西北大学进行，调查关注了一些剧集可能产生的好处。[74] 根据这份调查报告，剧集促进了家长和孩子之间关于困难话题的讨论，比如自杀、心理健康和霸凌。且不看这场争论，值得感谢的是奈飞现在已经删除了展示汉娜之死的冒犯性画面。主创们需要对自己肩负的责任上心。

媒体曝光和自杀行为的关系不仅局限在电视剧上，它也延伸到了对自杀的新闻报道，尤其是对名人自杀的报道上。[75] 因媒体对自杀或者自我伤害的呈现，而引发其他人的自杀行为，通常被称为"维特效应"（Werther effect），[76] 它得名于歌德的小说《少年维特之烦恼》中主角的自杀，书中主角在被自己所爱的女人拒绝后结束了生命。当这本小说在 1774 年出版时，就有报道称整个欧洲都有年轻男性使用了同样的方法自杀，他们似乎就是受这本书的影响，对少年维特产生了认同。这样的自杀被称为模仿自杀，有时候也被描述为自杀传染。

自从"维特效应"这个说法在 20 世纪 70 年代被发明出来以后，数不清的研究和综述已经总结出一个结论：媒体对自杀的报道与致命、非致命自杀行为的增加之间，有着明确的关系。这样的效应不像其他很多风险因素那么强，持续时间通常也不长。为了理解媒体自杀报道的影响范围，奥地利维也纳医科大学的托马斯·尼德尔寇特泰尔（Thomas Niederkrotenthaler）和墨尔本大学的马特·斯皮塔尔（Matt Spittal）连同其他人一起回顾了自第二次世界大战以来的所有相关研究。[77]这是目前为止最为全面的综述，它的研究重点是名人自杀。他们发现自杀风险在短期内会上升13%，通常是在媒体报道的一个月内。这些发现让人忧心，它们明确表明了为什么有关自杀的媒体报道指导意见需要被一丝不苟地遵照执行。

最近，注意力已经转移到了利用媒体报道来做好事上。尼德尔寇特泰尔也是这个方向的领军人物，探索媒体如何在预防自杀中扮演积极角色。在这一方面，他发明了"帕帕基诺效应"（Papageno effect）这一说法，源自莫扎特的歌剧《魔笛》中的角色帕帕基诺，他在别人给自己展示了不同的出路后，度过了自杀危机。[78]因此，"帕帕基诺效应"被定义为：无论任何有预防自杀效果的媒体报道，均可造成一定的正面影响。举个例子，记者们报道度过了自杀危机的人们的正面结果就可能是有益的。类似这样的报道传达了充满希望的信息，让那些处于自杀危机中的人意识到情况是可以好转的，他们应该坚持下去。按照动机－意志综合模型的说法，这类信息减少了暴露在自杀前的有害影响，也许能帮助人们感觉自己的被困程度减轻了，可以截断从自杀想法到自杀行为的路径。它们提供了模板，证明恢复是可能的。但是阻止我们继续向前的一个挑战是，我们要怎么把自己关于媒体影响的知识翻译过来，让互联网和社交媒体变成更安全的地方。我们需要更少的维特，更多的帕帕基诺！

自杀集群

有关接触自杀的最后一个担忧被称为自杀集群，这是指一系列自杀发生在相对接近的时间和空间里。我们对于多少起自杀算是一个集群尚无共识，但通常认为，该数据大于基于统计的数据，或者大于一个社区中应有的数据。集群通常被描述为"点式"集群（point）或者"团式"集群（mass）。点式集群是指一系列死亡发生在相近的时间和空间中，通常是短时间内死亡发生在一个社区中，或者一个机构中；而团式集群则是指一系列的自杀在相对短的一段时间里，分布在整个人口中。同一学期里发生在一所学校里的系列自杀，可能是点式集群；一起名人自杀后的一系列自杀死亡则是团式集群的例子。我们可以认为，在互联网和社交媒体时代，事情是更加难以界定的。

乔·鲁宾逊（Jo Robinson）、简·皮尔克斯和我为《国际预防自杀手册》撰写了和自杀集群有关的一章，其中综述了涉及自杀集群的关键点。[79]举个例子，自杀集群比人们认为的要罕见得多，比例在全部自杀案例的1%～10%之间，它取决于人口或者环境。它们在年轻人、学校以及精神科中更常见。至于为什么会出现自杀集群，至少有两种解释。第一个是自杀传染和模仿，暴露在别人自杀前的个体会模仿这个行为。如果他们对死于某种方式的人产生了共情，就更可能发生效仿。第二种被称为同类相关性或易感性，指的是一系列自杀之所以发生，是因为高风险个体在特定环境中和彼此产生了关联，比如在医院里。佛罗里达州立大学的托马斯·乔伊纳（Thomas

Joiner）发现同类相关性会涉及大学生群体，相比被分配住在一起的学生，那些选择住在一起的学生（宿舍室友）在自杀指数上更相近。[80] 尽管自杀集群相对罕见，但也需要做更多来确保个体、社区和机构保持警醒、预先反应，把自杀集群的风险降到最低。

冲动

冲动是从自杀想法转变到自杀行为的第四个意志因素。尽管它是我们日常讨论的一部分，但冲动有很多不同的定义，也有很多不同的评估模式。故对当下的目标来说，我用"冲动"这个说法描述的是一种个体，他们的特点是有草率行动的倾向，不会考虑清楚行为的后果。冲动是一个意志调节因素，因为如果某人在考虑结束自己的生命，且他可能冲动行事，那就可以推论出相比不冲动的人，他更可能把想法付诸行动。但是，如同自杀的很多风险因素一样，这种关系的本质和效果还需要讨论，在某些案例里，冲动根本没体现在自杀行为中，自杀是经过了非常仔细的计划的。[81]

要拆解冲动－自杀风险的关系，搞清楚个体的冲动和自杀行为的冲动的区别非常有用。如果某人惯于冲动行事，结果可能产生自杀行为；然而如果某人天性谨慎，但行动本身是冲动的，自杀也可能发生。关于冲动和自杀风险之间关系的强弱，在生命的不同阶段也会不同。具体来说，由于冲动的水平一般会在我们二十多岁时达到巅峰，因此，冲动对自杀风险的相对影响力，可能会随着我们年龄增长而降低。考虑冲动时，我们也需要把酒精、毒品或者睡眠缺失一类的去抑制因素考虑在内。这些因素中的每一个都可能助力冲动的自杀行为，无论你性格中的冲动性如何。

在一系列的研究中，我们对比了想过自杀但从来没有行动的人和那些企图自杀的人的冲动程度。[82] 和动机－意志综合模型一致的是，我们一次又一次地得出了同样的结论：尝试过自杀的人比起那些只想过自杀的人显示出了更高水平的冲动。但是冲动和自杀行为之间联系的强度在不同研究中各不相同，有些研究的结论是二者联系微弱。让情况更加复杂的是，新近的研究，包括一些我们自己的研究，都发现了冲动的特定方面——负面紧迫感（negative urgency）——更集中涉及从自杀想法到尝试自杀之间的转变。[83] 负面紧迫感是一种基于情绪的冲动类型，指人们处于负面情绪或者压力之中时会草率行事。这在自杀风险的语境中说得通，因为负面紧迫感同时也和受损的自我调节能力有关，尤其当涉及我们限制自己冲动的能力时。如果你在负面紧迫感上的得分很高，你也感觉自己被困住了，也许就更难限制实施自杀想法，因此自杀行为也就更可能发生了。不算出乎意料，我们也发现了和酒精有关的负面紧迫感和从想法到自杀行为的转变有关。[84]

生理疼痛敏感度

生理疼痛敏感度和无惧死亡经常被放在一个副标题下，因为正如我在之前章节里说过的，它们组成了托马斯·乔伊纳的自杀能力的概念。[85] 没错，在从自杀想法到行为的转变中，几乎没人反对自杀能力的重要程度。但是，根据动机－意志综合模型，我相信，自杀能力只是管理着执行行为的一系列意志因素中的一个，而在乔伊纳的人际理论中，自杀的能力被视作决定某人是否会基于自杀想法采取行动的关键因素。不列颠哥伦比亚大学的心理学家——戴维·克朗斯基（David Klonsky）也在自杀能力上采取了一种更广的视角。在他的自杀三步理论中，他认为有三个变量带来了自杀能力：[86]

1. **先天的**（比如，疼痛敏感度一类的基因因素）
2. **后天的**（比如，习惯了疼痛）
3. **实际的**（比如，有自杀的方法）

关于自杀三步理论和动机－意志综合模型，以及乔伊纳的人际理论经常被称为想法－行动模型，因为它们专注的是从自杀念头到自杀行为的转化。[87]但是，无论理论的视角如何，有大量研究已经显示了生理疼痛敏感度以及无惧死亡和自杀行为有关，并且可以区分开自杀念头和自杀行为。那些试图自杀的人相比只是想过自杀的人，前者能够忍受更剧烈的生理疼痛，并对死亡没那么恐惧。[88]

我提过几次生理疼痛敏感度，但没有描述如何衡量它。你也许不会意外，我们对生理疼痛的敏感程度，或者我们能忍受什么程度的疼痛其实很难评估。某些研究者（包括我）用自我报告式的问卷来请受访者对特定事件的疼痛度进行评级，但从个人角度来说我认为这些问题很难回答。[89] 这还是在我自己经历过意外生理疼痛的前提下：大一的一个晚上，我外出时把膝盖摔碎了，幸运的是，我没有昏过去，还在朋友们的帮助下走到了当地的急诊室，之后住了很长时间的院，并不得不重新学习走路。因此，我认为自己忍受疼痛的能力很强。但无论如何，我还是觉得自我报告这种方法很难评估一个人对生理疼痛的敏感度和忍受能力。

因此，最近我们不再询问人们对生理疼痛的敏感度了，而是换了更偏重试验的方法，来评估生理疼痛的阈值和忍受能力。我们会使用一个痛觉测量仪（algometer），这是个带电脑的压力仪器，让我们可以记录压力或者施加的力度，它通常是针对手掌施加的，而试验的环境各不相同。[90] 它为我们呈现了更直观的疼痛敏感度，以及忍受能力的数据。在这样的研究中，我们记录了以帕斯卡计数的压力，而不是疼痛，但这个体验会带来短暂的不适，所以全部参与者都是提前知情并同意的，他们清楚研究的性质，且痛觉测量仪也不会造成持续的效果。参与者也能从任意研究的任意阶段退出，不需要给出任何理由。

这类试验性质研究的普遍做法是，利用痛觉测量仪给参与者的手掌施加压力（或者参与者自己施加压力），然后记录他们什么时候告诉我们，压力、力度让他们感觉不舒服了，这让我们得以测量他们的疼痛阈值。之后，我们施加更大的压力，请参与者们在忍不了的时候告诉我们，以此来标记他们对疼痛的忍耐能力。这项研究让我们可以发现问题——对疼痛的忍耐能力是否会因自杀倾向的历史而不同，是否会随着时间变化，以及情绪低落、被困住或者处于压力之下的人的忍耐能力会不会更强。

为什么有自杀倾向的人能忍受更剧烈的生理疼痛？与之相关的逻辑如下：

- 有自杀倾向的人被精神痛苦淹没了（比如被困住了），他们感受生理疼痛的能力也降低了。
- 这让他们比平时能忍受更剧烈的生理疼痛，不会感觉太过痛苦以至于产生反感。
- 如果他们能忍受更剧烈的生理疼痛，那他们也许就可以忍受可能会更痛苦，以及可能会更致命的自杀行为所带来的疼痛。

这类研究依然处在襁褓阶段。但重要的是，它们能帮我们理解可能支持了自杀行为的关键过程，而把这些门打开可以让我们拯救生命。奥利维娅·科特利、罗南·奥卡罗尔（Ronan O'Carroll）和我联袂，调研了所有与疼痛敏感度和自我伤害有关的研究，尽管两者之间绝对有关系，但这种关系的本质依然有非常多未解答的问题。[91]举个例子，相比企图自杀的人，没有自杀企图但割伤自己的人，是不是有着同样水平的生理疼痛耐受能力；或者说，生理疼痛耐受力与那些轻生者——即采取了生理疼痛较轻的自杀行为者有什么关系；再或者，重复自我伤害会如何影响到生理疼痛耐受力；又或者，疼痛敏感度的性别区别是否在一定程度上，影响到了男性或女性自杀率的不同。奥利维娅也把对这些问题的探索，进一步延伸到了理解慢性疼痛患者的自杀想法及行为上。[92]

尽管我们还有太多要学习的，但这类研究是极好的例子，为调查当产生自杀念头时，谁更有可能跨过悬崖边缘，企图自杀提供了新方法。令人悲伤的是，我们还远远不能明确，特定水平的生理疼痛耐受力和特定水平的自杀风险有关。

无惧死亡

常说想要结束生命，我们将不得不克服生命的基本本能。除了生理上的准备，我不知道这种本能是否是以有意识的方式存在的，但生命本能（情欲，eros）是西格蒙德·弗洛伊德（Sigmund Freud）发表于 1920 年的《超越快乐原则》（*Beyond the Pleasure Principle*）一文中主张的基本本能之一，除此之外还有死亡驱动力（死之本能，thanatos）。[93] 弗洛伊德相信，生命是被这两种力量之间的挣扎定义的。根据精神分析学家的说法，当死亡驱动力占据优势，而与死之本能相关的情绪是向内的时候，自杀就会发生。事实上，美国精神病学家卡尔·曼宁格（Karl Menninger）也是这样认为的，他认为自杀是 180 度大转弯的谋杀。[94]然而，不管心理动力学的基础是什么，自杀表面上是一种针对自我的攻击行为，根据定义，它要求一个人至少在某种程度上克服对死亡天生的恐惧。

正如上面所说的，无惧死亡——第六个意志因素——是自杀能力的第二个组成部分。多年来的研究已得出了清楚的证据，相比没试图过自杀的人，企图自杀的人更普遍地表现出了对自杀和死亡本身更少的恐惧感。[95]与生理疼痛敏感度相比，无惧死亡是一种认知因素，更适合通过自我报告进行评估。没错，几年前，杰西卡·里贝罗（Jessica Ribeiro）和同事们发明了 ACSS－无惧死亡量表（ACSS-FAD）。[96]这张有七个问题的表格，让受访者用 1～5 分来衡量问题是否和自己的情况相符。在表中有类似的问题——"我将死去的这个事实不会影响到我""我完全不害怕死亡"，那些得分越高的人，自杀的风险也越高。如果某个人说自己被困住了，以及不害怕死亡，我们就要迅速反应以确保他们感觉安全，确保他们不会把任何自杀念头转化为行动。

我们的研究已经展示了，相比那些只是想过自杀的人，企图自杀的人更不惧怕死亡。举个例子，在我同事卡伦·韦瑟罗尔和塞奥娜德·克利尔（Seonaid Cleare）牵头的苏格兰健康研究（Scottish Well-being Study）中，我们调研了 3500 名生活在苏格兰的年轻人，问了他们一系列与心理健康有关的问题。我们根据这项研究发表的首批学术论文中，有一篇比较了有不同自杀历史的研究对象，在一整组心理因素上的区别，其中就包括了是否无惧死亡。[97] 我们的分析与动机－意志综合模型以及托马斯·乔伊纳的人际理论相符：相比只是想过自杀的人，那些尝试过自杀的人明显更不惧怕死亡。但更惊人的是，对死亡不同程度的无惧似乎无法用不同程度的抑郁或者被困来解释。这一点值得着重指出，是因为它表明了相比只是想过自杀的人，尝试过自杀的人不一定就更加抑郁。它也提醒了我们，从自杀念头到自杀行为大体上是由意志因素来决定的。

在斯坦三十多岁的时候，他的世界"崩溃"了，在经历了人生的"糟糕"时期后，他试图自杀。他聊起了自己对死亡的恐惧（无惧死亡的程度）是如何随着时间变化的：

事情就这么一桩接一桩地发生了，似乎永远都不会结束。一开始，我丢掉了造船厂的工作，然后我弟弟麦克死了，两件事情都发生在去年二月。我依然无法相信他死了。我们是最好的朋友。我真的很愤怒，对所有人都感到愤怒。我随便找汤姆、迪克或者哈利干架，喝酒、睡觉，然后再干架。有一天晚上，我喝得烂醉如泥，我受够了，简直恨死自己了。我只想要结束这一切，但是我做不到。我被吓死了。之前我老婆离开我的时候，我也想过要干掉自己，但那想法很快就过去了，我当时没有认真想太多，或者想过自己要怎么做。但自从麦克走了，我对一切就都不在乎了。所以，我早上醒过来后，（自杀）

就是我能想到的一切了。我想得越多，我就越是控制不住自己一再去想这些问题："有什么好害怕的？""没错，我会死的。""有什么问题吗，只要我找对了方法。"我对自己承诺说，等下一次情况一团糟时，就是时候了。我守住了自己的承诺，但我不敢相信我还在这里。

斯坦是如此愤怒，但尽管他充满了愤怒，在我和他见面的记忆中，他并没有展示出攻击性。他不过是非常实事求是。在他说到自己"吓死了"时，我认为他真的害怕死亡。但是之后，在被自杀的念头缠绕了一段时间后，他似乎获得了某种"突破"，好像某些东西变化了，或者转移了，力度如此之大，让他不再恐惧死亡了。也许是因为他筋疲力尽了，或者，这是他愤怒的后果。就好像他已经想清楚了自己要做什么（指的是方法），以及结果会是什么（死亡）。同样不清楚的还有变化或转移的时间线是什么：他是不是很快就克服了自己的恐惧，还是花了一定时间，以及是什么诱发了他思想的变化或转移？

斯坦的故事展示了自杀预防中的另一个挑战，我们需要更好地理解是什么让一个人不再那么害怕死亡了。是我们接触死亡越多就越不害怕了吗？还是害怕与否和一个人的冒险特质有关，或者说它是触底的自尊抑或精神上筋疲力尽带来的副产品？会不会是对活着的恐惧比起对死亡的恐惧要更让人痛苦？有太多没有答案的问题。我们还需要解密其他的意志因素，是在何种程度上参与互动，从而影响了一个人是否惧怕死亡。再强调一次，随着我们在理解自杀风险中取得进步，这些进步就会带来越来越多的新问题。

心象

> 我花了很多天想象死了是什么感觉。但还不至于走到这一步——我能想象自己死了。我回到了妈妈和爸爸住的房子里，画面非常逼真，就好像是在彩色电视里，就好像我真的在那里……

这些文字来自摩，他在自己五十多岁的时候企图自杀，他详细描绘出了自己的心象（mental imagery）的一个方面：视觉化死后的情形。这种心象是视觉想象力的一个例子，而心象可以涉及我们的任意五感。与死亡过程或死亡有关的心象是倒数第二个意志因素。企图自杀的人或者最终死于自杀的人都曾经向我报告过：他们会在执行自杀时看见自己死去的画面，仿佛他们当时正身处那个时间与场景。按照自杀风险的说法，让人担忧的是心象这个认知性质的意志因素构建出了自杀行为之前的彩排过程。类似任何彩排，这个过程在我们思想的双眼前重复着，增加了我们实施那个行为的可能性。

以运动员们利用心象为例。有大量研究证据显示，心象提升了他们的表现。[98]我不是运动员，但我没少打网球，并一直在思考提升球技的新方法。所以我经常读自助类的书籍，它们毫无例外都把利用心象描述为提升技术的关键技巧。它们会指导你想象球越过球网飞来，或者你打出了一记完美的反手球，把球远远击到了对手的场地里。尽管我不确定这些技巧对我有多少用处，但它们已被证实是有效的。同样的原则也适用于其他行为，包括自杀行为。这些脑中的画面，类似于前文里摩所想的，可能也会通过让我们不那么害怕死亡而增加自杀风险。当某人第一次想象自己死亡的情形时，他会产生一种生理反应：就有点像是"战或逃反应"——他的心率也许会加快，或者他会出汗。反应也许还包括了紧张或者害怕，因此，他也许会取消行动。但是，当下一次这样的时刻、场景浮现在他脑海里的时候，他也许就没那么害怕了。随着时间推移，他也许就习惯暴露在这样的想象中，结果就是他愈发地不惧怕死亡了。如果他越来越不惧怕死亡，自杀的风险也就增加了。没错，我们在苏格兰健康研究中发现，相比那些只是想过自杀的人，尝试过自杀的人报告了更频繁的死亡幻想。[99]

我们用瑞典临床心理学家埃米莉·福尔摩斯（Emily Holmes）发明的方法来评估心象，[100] 这个方法会请人们在情绪低落或者抑郁时想象和死亡相关的画面，包括自我伤害或者自杀。举个例子，其中一个问题会问人们想象自己计划、筹备自我伤害，或者企图自杀的频率。

埃米莉也会把和自杀有关的特定想象描述为"快进"，之所以这么叫，是因为它们是和未来潜在自杀念头或者行为相关的画面。它们被认为和闪回类似（闪回是患有创伤应激后遗症的个体经常报告所体会到的情况），这些个体会闪回过往创伤事件的痛苦且逼真的情形。"快进"也可能充满了真实感，细节丰富。经历这一切的人也报告说，相比口头谈论自杀念头，他们会更专注于这些想象。这些特点符合摩对自己自杀想象的描述，"就好像是在彩色电视里，就好像我真的在那里"。这些想象也经常被认为既让人痛苦也给人以安慰。这并非太过意外，因为矛盾常常是自杀念头的特点。[101] 感到安慰的感觉也许对个体来说是奖励性质的，而这样的强化也许会让这些想象更可能一次又一次地"弹"回到我们的脑子里。还有一项来自中国香港的研究显示，被困的同时经历了自杀念头的"快进"预示着更强烈的自杀念头。[102]

因此，结论就是与自杀有关的心象，也许会增加一个人就自杀念头采取行动的可能性，所以针对这些"快进"进行治疗也许会是预防自杀的有效目标。换句话说，如果有人幻想自己正在死去或者已经死了，那么帮助他们应对这些想象，让他们降低采取自杀行动的可能是对其有益的做法。的确，在马丁娜·迪·辛普利西奥（Martina Di Simplicio）的带领下，埃米莉和同事们最近在有自我伤害行为的年轻人中测试了一种以想象为基础、崭新而简短的干预方法，名叫"幻想者"（Imaginator）。[103] 他们最初的可行性研究显示该方法颇有希望，暗示它也许可以帮助年轻人减少自我伤害行为，但还需要完成完全随机的临床试验来确定是否真的有效。

过往自杀行为

第八个，也是最后一个意志因素，这个因素也许是最重要的，因为我们知道如果某人曾有一次跨过了从自杀念头到自杀行为的悬崖边缘，就可能再次尝试自杀。简单来说，过往的自杀行为是未来的自杀行为最好的预测手段。[104]但是哪怕这个说法在科学上是正确的，我也需要补充两条警告：

第一，你也许还记得，在本书的前面，我说过我们预测自杀的能力不比靠运气来预测自杀更强，不比扔硬币来得更准确。[105]这是真的。自杀的历史，或者自我伤害的历史仍是预测自杀的最佳单一因素。根据统计数据，如果你曾有过自杀行为，那你再自杀的可能性会更高。而且过去的自我伤害行为是有意识地自杀（有自杀企图）或者不是（非自杀倾向地自我伤害）似乎没什么不同。[106]要严肃地对待所有的自我伤害行为。

第二，统计学上的风险和临床风险是不一样的。你还记得之前关于绝对风险和相对风险的区别的部分吗（见第131页）？相对风险听起来可能非常吓人，哪怕是在绝对风险相对较低的情况下。重要的是要谨记这个事实，即绝大部分有自杀倾向行为的人永远也不会尝试自杀或者再次自我伤害，他们也不会用自杀结束自己的生命。在我们的临床研究中，因企图自杀而被收治入院的人中，有20%～30%的人在十二个月内会再次因为企图自杀而接受治疗，但远远不到1%的人会死于自杀。[107]

最近，布里斯托大学的戴维·贡内利（David Gunnell）及其自杀与自我伤害研究小组的流行病学家，综述了曾因自我伤害入院的患者的重复自我伤害行为，以及随后的自杀行为的所有研究证据。[108] 这让他们可以量化自杀风险，他们发现，在每 25 个因自我伤害而入院的患者中，就有一个在未来五年里死于自杀。除此之外，这些患者中 16% 的人在未来十二个月里会涉及另外的自我伤害行为。

利用动机 – 意志综合模型理解自杀风险

2018 年，当奥利维娅·科特利和我升级动机 – 意志综合模型的时候，除了更好地定义模型中的意志阶段，我们也为表一（见第 90 页）增加了虚线来确认自杀想法和自杀行为之间的动态及循环关系。[109]

对一些人来说，他们暂时会被困在一个循环中。他们有自杀念头，把念头付诸行动，再次感到被困，然后又一次产生自杀念头，也许会涉及另一次自杀尝试。悲伤的是，一些人在第一次尝试时就死于自杀。尽管很难准确量化有多少人第一次企图自杀就实现了，但目前最准确的证据显示有超过一半的人会死。[110] 这个令人心碎的统计数据强调了早期介入的重要性，以及需要在某人到达企图自杀的阶段前进行干预，因为对大部分人来说，这么做的结局就是死亡。结论就是，我们需要把自杀预防工作的重点放在那些导致了挫败、受辱、失去、羞耻、拒绝和被困的个人、社会以及文化因素上。我们还要认识到，不同风险因素之间的动态互动，从而让自杀预防的效果最大化。

我的朋友兼同事埃伦·汤森（Ellen Townsend）发明了一套分类卡片——自我伤害分类卡片（Card Sort Task for Self-harm，CaTS）——来帮助厘清导致自我伤害的念头、感觉、行为和事件的规律。[111]通过这种方法，我们就可以描述不同自我伤害事件的风险因素的相对影响，并针对不同的人设计干预措施。自我伤害分类卡片不仅允许我们探索和自我伤害及自杀企图有关的特定因素，还帮助我们明确了一系列因素的发生顺序。

举个例子，一开始或许是自我厌恶导致了愤怒，接着导致了无价值感，无价值感带来了被困的感觉——被困感接下来导致了自杀行为。有了这样的详细信息，也许就可能预先阻断后续危机的升级，或者指明可以针对哪些方面来进行临床干预。如果你注意到了这些念头、情绪和行为发展的规律，你也许会想和身处其中的这个人沟通一下，看他们是否需要帮助或者支持。也许还能把这些信息用于早期的警告系统中，提示某人能从专业支持中受益。

如上所述，尽管每一起自杀死亡事件的情况都是独一无二的，但动机-意志综合模型仍致力于阐明可能导致自杀的普遍因素和路径。如果我们考虑意志阶段，我不会指望所有自杀企图或自杀死亡事件都涉及以上八个因素，但是我会用表二中列出的细节来系统探索某人是否会把自杀念头付诸行动的可能性。也许他们已经为某个特定的死法制订了计划——如果是这样，我就会集中精力确保环境的安全。没错，这正是下一部分的重点。

在结束这一章之前，我想要以一个更详细的、因自杀死亡的故事来进一步阐明某些通往自杀的路径。和我在本书中其他地方所做的一样，这个例子是基于某个自杀身亡的人——保罗的故事，但我对其中某些细节进行了修改以保护隐私。通过了解保罗的故事，希望你能更清楚动机－意志综合模型是如何理解自杀风险的，并想清楚它要如何被应用在你可能关心的某人身上。除此之外，如果你是一名心理健康方面的专业人员，这个例子还会说明，动机－意志综合模型是如何作为一个框架为易感性高的（脆弱的）人群构建治疗计划的。

保罗去世时五十四岁。他的母亲有酗酒史，尽管他说自己每天都会喝酒，但他很少喝过量。他在信息技术行业工作。他的第一段婚姻在他去世前四年就结束了。他有两个孩子，后来和一个童年时就认识的人开启了一段新的亲密关系。在婚姻破裂后，他换工作搬回了自己长大的地方，虽然他从学生时代起就没在那里住过了。新的亲密关系没能长久，十八个月后就结束了。他变得特别孤独。哪怕他和孩子们关系都很好，但后者都在国内其他地方读大学，也都忙着过自己的日子。

保罗青少年时期就有情绪低落的问题，因为自我伤害住过院，但他从来没有被正式确诊为抑郁，也从来没

有服用过治疗心理健康问题的药物。他还在孩提时期，一
个关系亲近的叔叔在几年前结束了自己的生命，保罗很
难面对叔叔的死。按照他大儿子的说法，他感觉很孤独，
他一直都是自己最严厉的批评者。在他死前不久，他的情
绪变得相当低落，说他不意外自己落得孤独一人，因为
他"对任何人都不再有任何用处了"，他的生命毫无成就。
他也后悔自己没有和大学时期的朋友们保持联系。

　　令人悲伤的是，保罗的故事并非很不寻常：一个独居的中年
离婚男性结束了自己的生命。在世界上的大多数国家里，死于自
杀的大部分人有的"从没结过婚"，有的"曾经结过婚"，或者在去
世时仍是"单身"。相比其他的年龄组，英国中年男性自杀的风险
最高。[112]表面上，保罗的人生故事也可以是数百万人的故事，尤其
是我们都知道英国几乎一半的首次婚姻都以离婚告终。所以，保
罗的故事有何不同呢？尽管永远无法确定保罗为什么结束了自己
的生命，但我们能试着拼凑出一些潜在的因素。在下面的表格中，
我试着以非常简单的方法来做这件事，方法就是动机－意志综合
模型的三个部分：

前动机阶段	动机阶段	意志阶段
• 自我批评 • 母亲的酗酒史 • 婚姻及新亲密关系的崩溃	• 缺乏社会支持 • 受挫的归属感 • 不再对任何人有用 • 缺乏对未来的想法 • 感觉受挫和被困	• 自我伤害的历史 • 接触过叔叔的自杀

把动机－意志综合模型作为框架来理解一起自杀事件时，我考虑的是这个个体感到挫败或者羞辱的程度，以及他是否处于一种自认为没有出路的境况中。正如我已经重复说过的，感觉自己被困住的认知是非常致命的，因为正是这种认知导致了如此多的自杀倾向。我显然也会试着拼凑出任何相关的生活史。一个个体有着何种的脆弱性（如果有的话），以及这种脆弱性是不是被他死前几天、几周、几个月里的负面生活事件给放大了？在保罗的例子里，似乎有几个来自他遥远的过去以及近期的事件，可能助长了他的自杀风险。

让我们从动机－意志综合模型的前动机阶段开始。你还记得吧，这个阶段是要试图确定可能助力或诱发了自杀或自杀企图的背景和负面生活事件，或者说，是要确定压垮骆驼的最后一根稻草是什么。保罗的儿子说过他是自己"最严厉的批评者"，这可能指的是高水平的自我批评。自我批评是一种和糟糕的心理

健康以及自杀想法有关的个性特点以及脆弱因素。[113] 但关键在
于，它的负面影响在有压力的时候是最明显的。自我批评本身并
不会导致自杀，但它会增加一个人的挫败感，也能使人产生抑
郁、无助、被困等不断循环的想法。[114] 它有点像我之前讨论过的
社会规定的完美主义（见第 93 页）。

理解一个人所处的环境和经历的负面生活事件，包括早期生
活中的创伤，是很重要的。除了知道他母亲有酗酒史这一点，我
们不太知道保罗的其他背景。也许在保罗的童年时期，这一点对
他的健康产生了负面影响，并且影响到了他依恋关系的发展。悲
伤的是，在这一类的童年不良经历中暴露得越严重，成年时期出
现心理和生理健康问题的可能性就越高，包括自杀企图和自杀。[115]

至于"对任何人都不再有任何用处了"的说法，也可能和保
罗感觉自己是他人（孩子们）的负担有关，而这一点连同他觉得
自己生命毫无成就的想法会助长他的挫败感。在抑郁状态下，他
也许一直无法看到任何希望，哪怕有了孩子他也感觉孤单，缺
少社会支持。再一次强调，像保罗这样的情况在这个国家的每个
地方、每一天里都在上演。亲密关系崩溃时，如果中年男性把获
得情感支持的"蛋"都放在人生伴侣这一个"篮子"里，那么一
旦亲密关系破裂，他们遭到社会孤立的风险就会增加。[116]

至于意志阶段，保罗有过相关历史。两个精确的标志可能助
长了他从自杀念头到致命自杀行为的转变。尽管那是在很多年以
前了，但他确实有过自我伤害行为，且其中至少一次严重到了

需要住院治疗的程度。所以他有再次自我伤害的能力。也许叔叔自杀后（他深受打击），他之前关于自我伤害的念头被重新点燃了，而那时候，当这一点被叠加在他已有的社会孤立感、无助和被困感上时，他就受够了。在精神上筋疲力尽后，他自己掌握了局面，通过自杀结束了这种痛苦。

保罗之死展示了动机－意志综合模型的关键领域。它强调的是自杀要想发生，既要有动机（自杀念头）又要有意志（让一个人把念头付诸行动的因素）。它也帮我们去思考可以在何处进行干预，来预防未来的某个保罗死于自杀。这个模型强调的是我们既可以干预动机阶段，也可以干预意志阶段，因为对两个阶段的干预都能降低某人尝试自杀或者死于自杀的可能性。正如我之前说过的，尽管预测每一个个体的自杀都很难，但动机－意志综合模型应该可以帮助大家去思考一下自己周围人的风险和潜在的保护因素。

所以，当我们想要帮助别人时，我们可以考虑在动机阶段进行干预，阻止其出现自杀念头；同时也可以针对意志阶段进行干预，这些干预主要集中在阻止他把想法付诸行动。我会在本书剩下的章节里回到如何帮助他人的话题上来。我将教你如何与他人讨论令人畏惧、难以开口的自杀问题，也会介绍让脆弱的人获得安全的方法。我还会带你了解如何最有效地帮助那些有自杀倾向的人和自杀未遂的幸存者。

PART 3

如何有效保护
有自杀倾向的人

我永远不会忘记得知好友克莱尔已经去世的那一刻。那通电话，那冻结在时间里的一刻，清晰而沉痛。我记得我的眼泪、震惊，那种难以衡量的伤痛。如今，当我闭上眼睛，想到克莱尔时，我就穿越回了得知消息的恐怖时刻，也回到了我的愧疚里。我质问自己，如果我能提前做点什么，这岂不是不会发生？我最后一次和她说话的时候她状态不错，而她在几天之前给我写的最后一封电子邮件也没有给我敲响任何警钟。之前的几个月对她来说很难，但我以为克莱尔已经快乐多了，她能看见隧道尽头的光了。

与我有同样经历的人都会问自己为什么没能保护亲近之人的安全。我们无法带回所爱之人，但我们也许能在未来帮到其他人，无论我们是医生、研究人员，还是当事人的家庭成员、朋友或者同事，甚至只是一个陌生人。

在这个部分，我会带你了解某些已被证明有效的干预手段，试着去帮助有自杀风险的人。干预是描述一种策略、一种技巧、一个工具或者其他某个要素及若干要素的术语，它们的目的是改变行为或者回到健康状态。我这里讨论的干预手段针对的是减少或者消除自杀念头和行为。某些干预手段需要长期的临床动作，比如认知行为疗法（cognitive behavioural therapy，CBT），由受过训练的心理健康专业人员提供。其他的干预手段所需时间更短，比如安全计划，它能帮助人们做好准备，在未来困难阶段时保护自己的安全。

8

简短接触干预

在第七章里，我描述过意志帮助表（VHS），这是在帮助有自杀倾向的人时可能有用的工具，方法是把他们从自杀行为前推开（见第 125 页）。但还有一系列类似意志帮助表、近年来经过了一定研究并受到了临床关注的工具，这些工具可以为处在自杀风险中的人们提供可能的支持——通常被归为"简短接触干预"。

正如其名称所示，它们的实施时间较短。这些干预手段和更长期的心理治疗或心理干预不同，并非必须由心理健康专业人员使用。在这些简短接触干预中，接触可以是最低程度的。举个例子，接触也许以收到医生的一封跟进信的形式存在，或者以出院后对患者进行追踪的形式存在。这类方法受到的关注日益增长，部分原因是，太多有过自我伤害或者企图自杀的患者出院后，除了一封来自全科医生的信之外，就失去了后续的关怀。对那些不想持续接受正式门诊治疗的人，或者一开始就没有寻求帮助的人，它们可能也是有帮助的。

因为这个保持接触的简单行为也许能培养出一种联结感，这对面临自杀风险的人可以起到保护作用。这些信件也可以被当作寻求帮助的线索，尤其当它只需要提醒某人，告诉他自己是重要的，他不是负担，以及如果他感觉难过，是可以获得帮助的，它就能敲开这个人的心门。建立联结感，并提醒人们他们的重要性是有意义的，因为我们从大量的研究中得知，和社会断联、孤独、失去归属感、羞耻和感觉没有价值都会助长自杀风险。[1]同时我们还要考虑到，某些企图自杀而被送急诊的人报告了负面经历，而且在出院时他们比刚到急诊室时感觉更糟了。[2]他们感到愈发脱节，被非人化，因为他们常常被迫体会自己在浪费临床时间、占据稀缺的医院病床的感觉。他们认为有更多更值得被救治的患者。尽管出院后的短暂后续接触无法替代住院时获得的同情和尊重，但它也许是让某人感觉自己有价值的一种方法，提醒他的生活值得过下去，以及他可以寻求帮助。需要强调的是，我遇到的大部分提供一线临床服务的人员都富于同情心，对自己治疗的患者也怀有深切的关怀。

值得一说的是，二十多年前，加州大学洛杉矶分校的杰尔莫·莫托（Jerome Motto）和艾伦·博斯特罗姆（Alan Bostrom）发表了一项具有里程碑意义的研究，这项研究引发了人们对简短接触干预的兴趣。[3] 他们的研究设计很直接。出院三十天后，抑郁或者有自杀倾向但没有接受持续的院后治疗的患者，会随机接受一次简短干预，其中一半患者收到了一封"关怀信"，另一半患者则没有收到进一步的联系。在关怀信中，医生们只不过是表达了对患者健康的关心，并邀请收信人在需要的时候联系自己。下面就是其中一封信：[4]

> 亲爱的约翰：
>
> 　　你出院已有一段时间了，我们希望你一切都好。如果你愿意给我们写点什么，我们会很开心收到你的来信。

这样的信会在最初四个月里每月发送一次，随后的八个月里每两个月寄一封，然后是每三个月寄一封，持续四年。因此，人们在五年里总共会收到二十四封信。研究的结果让人印象深刻，在为期五年的研究期间，相比没收到信的，收到信的人死于自杀的概率更小。而更详细的分析显示，尽管在寄信的五年里，自杀率普遍有所下降，但前两年中，自杀率下降得最为显著。这值得认真思考：仅仅和身处压力下的某人保持联系这样一个简单行为，就能产生如此强有力的自杀保护效果。

把这个发现应用到日常生活中。如果你认为某人正深陷挣扎中，那么就请伸出援手，给他发条信息，或去看看他。由于急切想参加我们的某项研究而联系上我的扎赫拉告诉我，如果不是一个邻居来看看自己，她现在应该已经去世了。她七十岁出头，独自住在一套公寓里，离群索居，平常只会和邻居们简单寒暄几句。前一年对她来说尤其艰难，因为她失去了唯一的姐姐，自己也病了一段时间。用她自己的话说，过去的一年"把她的生命力给吸干了"。她变得郁郁寡欢，而且对离开自己的公寓感到非常担心。她不明白自己为什么会害怕外出，但结果就是她感觉非常孤独。在姐姐去世后的那个冬天有很多黑暗的日子，她感觉非常低落，不知道自己是否还能继续，她非常"有自杀倾向"。但之后有个晚上，一个邻居突然往她的门缝里塞了一张字条，上面写着："你还好吗？我最近没看到你。希望你一切都好。如果你想见面喝杯咖啡，告诉我。"就这么简单，没别的内容，而且字条来自一个她几乎不认识的人——她只不过会和对方打打招呼而已。她将这个简单的举动形容为"真正的救命之恩"，把她从绝望中短暂抽离了出来，让她感觉自己是有价值的。对扎赫拉来说它如此重要，是因为有人真的花了时间来留意她。

沟通的力量也反映在对关怀信的研究中。一些参与者给研究人员写信表示收到那些信让他们觉得自己有价值、有联结，他们和扎赫拉的感受类似。其中一人这样写道："你永远也不知道你的小字条对我来说意味着什么。我一直感觉有人在关心我发生了什么，哪怕我真被自己的家人给赶出门了。我对此真心感激。"另一个人则说："你们的信给了我一种温暖愉快的感觉。仅仅知道有人在意就意味着很多了。"[5]

166

没错，在过去的五到十年里，已经有一系列针对心理干预，包括简短接触干预的系统性综述发表。[6]尽管使用的标准不同，但它们都指出了心理干预的某些好处。有益的是，由流行病学家艾莉森·米尔纳（Allison Milner，2019年死于一场悲剧性的事故，享年三十六岁）领导的其中一项综述特别关注了简短接触干预的有效性。[7]该综述评估了对在急诊科或其他医疗机构就诊的患者的各项干预方式——电话联系，发放紧急情况救助卡、明信片，或邮寄信件——的功效。紧急情况救助卡有时被用作常规治疗的一部分，在患者出院时发放，它可按需提供紧急入院服务或其他形式的紧急支持。明信片干预和关怀信非常类似。

在米尔纳和同事们的综述里，当来自不同研究的发现被结合在一起时，我们能发现简短干预的确降低了人们自我伤害或者自杀企图的次数。你也许还记得这和我们自己在苏格兰的意志帮助表研究的结论类似。[8]如果我们把这项综述和意志帮助表的研究发现结合起来，得出的结论就是：提供支持是有保护作用的。当有人不希望继续进行更正式的临床接触时，这样微小的支持也许会尤其重要。对我们所有人来说，展现我们的关心，或许就能拯救一个生命。

安全计划

　　从简短接触干预更进一步，斯蒂芬妮·多普尼克（Stephanie Doupnik）和同事们在 2020 年发表了另一篇综述文章，[1] 关注被称为"简短紧急关怀自杀预防干预"（brief acute care suicide prevention interventions）的方法，想要判断它们是否降低了后续的自杀企图。

　　他们的综述包括了前面章节里讨论过的简短接触干预，也涉及关怀协调、安全计划、危机应对计划和其他的治疗式简短干预，比如功能分析（理解一种行为为何发生的方法）、疗效评价、问题解决技能和动机访谈，以及我们的意志帮助表。多普尼克和同事们综合了来自所有研究的结论后，发现这些简短紧急关怀自杀预防干预和出院后数周、数月里的自杀企图下降有关。他们还发现那些接受了紧急干预的人更可能参与后续的心理健康关怀。七项关于自杀企图的研究中有四项都包含了安全计划元素，所以很可能安全计划是这项研究中的自杀防护效果的重要部分。除此之外，安全计划已被预防自杀资源中心暨美国预防自杀基金会（Suicide Prevention Resource Centre-American Foundation for Suicide Prevention，SPRC-AFSP）确定为"最佳做法"。[2]

安全计划是一种有组织的干预方法，通常是患者和心理健康专业人员一起制订的。[3]它的目标是确定警告标志以及保护安全的技巧。简单来说，安全计划是一个防止人们把自杀想法付诸行动的"紧急计划"。正如表三中所展示的，一个安全计划包括了六个需要完成的步骤，时间通常是在自杀危机之后。[4]

安全计划的六个步骤

安全计划六个步骤中的每一个构成元素都来自基于研究证据的自杀预防策略。[5]它们包括促进问题解决和应对技能、识别和利用社会支持以及紧急联系人。它们也强调对致命手段施以限制来保证环境的安全，提升服务的连接度，强化动机进而提升社区治疗的参与度。

通常情况下，一个安全计划应该是由一名身处困境中的个体和一名心理健康专业人员联合制订的。但如果没法做到这点，下面的内容应该也能帮助所有人制订出一个安全计划，支持身处危机

169

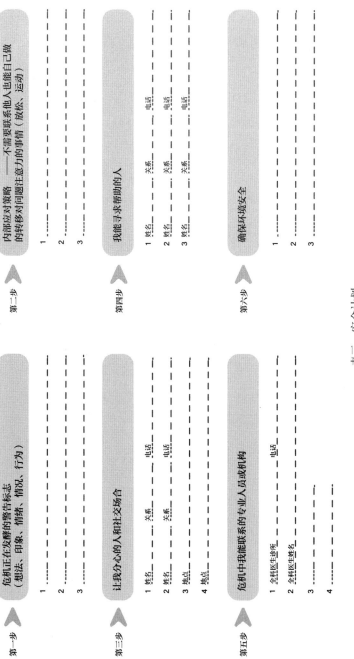

第一步 》

危机正在发酵的警告标志
（想法、印象、情绪、情况、行为）

1 _____

2 _____

3 _____

第二步 》

**内部应对策略 ——不需要联系他人也能自己做
的转移对问题注意力的事情（放松、运动）**

1 _____

2 _____

3 _____

第三步 》

让我分心的人和社交场合

1 姓名_____ 关系_____

2 姓名_____ 关系_____

3 地点_____

4 地点_____

第四步 》

我能寻求帮助的人

1 姓名_____ 关系_____ 电话_____

2 姓名_____ 关系_____ 电话_____

3 姓名_____ 关系_____ 电话_____

第五步 》

危机中我能联系的专业人员或机构

1 全科医生诊所_____ 电话_____

2 全科医生姓名_____

3 _____

4 _____

第六步 》

确保环境安全

1 _____

2 _____

3 _____

表三　安全计划

中的个体。除了上面提到的能力参考标准，机构 4 Mental Health 也
提供了很有用的线上安全计划资源。如果你担心某人处在伤害自己
的边缘，还可联系全科医生、心理健康专业人员或者急救服务。

在完成安全计划前，应该尽可能获得对最近一次自杀危机之
前、之间和之后的事件的准确描述。描述中可能包括了启动或者
诱发（自杀危机的）事件，以及这个个体对这些事件的反应。这样
的初期讨论能帮助促进对警告标志的判定，同时也能帮助识别可
能缓解危机的具体策略或者行为。安全计划是为未来危机做好准
备，并为演练安全行为提供机会。对于一个身陷紧急危机且解决
问题能力受损的个体来说，这是很有帮助的。

为了让安全计划达到最佳效果，我们需要明白相关个体的故
事，需要厘清自杀之前 24 小时里发生的事情，尤其需要搞清楚的
是以下的内容：

· 自杀念头和行为的核心因素是什么？
· 是什么诱发了自杀念头？
· 为什么自杀企图发生在这个场景下，而非别的时候？

在个体讲述自己故事的时候，对他的需求保持敏感。他们也
许会觉得谈论自己的隐私想法很困难，所以尝试着不去阻止或者
限制他们。当然，温柔地引导和鼓励他们也许会有帮助。使用动机
访谈（motivational interviewing）中所广泛使用的、以人为核心的

互动技巧，可能也会有帮助，我们要专注于探索和处理个体的价值观、目标、动机以及担忧。⁶这些技巧或者原则通常可以用首字母缩写为 OARS 的四点来总结：

· **开放式问题**（Open questions）。在设计问题的时候，试着避免询问任何可能会收到"是"或者"不是"作为回答的问题，比如"你有自杀倾向吗？"，而是请人们讲出自己的故事，找到对他们重要的事情，以及是什么导致了他们的自杀危机。

· **确认**（Affirmations）。利用语言或者非语言的反馈来确认努力和进步，无论这些努力和进步多么微不足道。对受访者的能力和行为表示察觉和认可的话语及姿态，也许会带来积极的变化，进而使他们产生"改变是可能的"的信心。它们也有助于认可这个个体的经历。很多企图自杀的人都有着痛苦的成长经历，然而他们的想法、感觉和行为也许从未受到过认可。无须赘言，这些认可应该是真心诚意的。

· **有反应的聆听**（Reflective listening）。把你理解到的东西反馈给对方是很好的做法，要"重新组织语言"进行反馈。这让他们有机会确认你的理解，也提升了他们的参与度和信任感。

· **总结**（Summaries）。类似于有反应的聆听，要定时以简洁回顾的形式针对某人提出的关键情况给出总结。这是另外一个检查是否彼此理解的机会。在复杂或很长的讨论后进行总结，能让你快速给出重点，还能帮着转向新的话题或者方向。

定期和该个体保持联系，确保他感觉良好很关键。制订完安全计划后，保持计划的灵活性也很重要。尽管安全计划标明了第一步到第六步，但并不一定要按这个顺序来执行。我推荐完成所有六个步骤的制订，因为计划是围绕着对话构建出来的。

以下是安全计划制订的六个步骤。

第一步：认出警告标志

> 我脾气变得非常、非常急，一心想着"我实在是个大烂人"，我还睡了很多觉，因为我为自己的自私感到羞耻。

这是穆罕默德被问到最近的自杀企图有何警告标志时给出的答案。他此前曾试图过自杀，并就警告标志进行了大量的思考，因此他可以迅速地说出预示着危机的念头（"我是个大烂人"）、感觉（"我感到羞耻"）以及行为（"我睡了很多觉"）。

我们在制订安全计划时，对发生在自杀危机前的警告标志要一并探索，并将当事人自己的话记录下来。问他注意到了什么样的事情，在开始感觉有自杀倾向的时候，有什么样的念头和／或感觉。对一些人来说，他们对于诱发因素是什么有着清晰的认识，但其他人，尤其是那些几乎没有自杀计划的人，也许不清楚警告标志是什么。我们永远都要怀着同情心去应对这样的情况。这能帮助我们探查出具体的念头、感觉或者行为。想想类似的例子也有帮助：

- 念头：我完全就是个废物。
- 感觉：无助，被困，震惊，绝望，麻木。
- 行为：有风险的行为，与他人隔离，自我忽视。

在第 169 页的安全计划中，仅仅给三个警告标志留出了记录的空间，但这是可以拓展的。在安全来电研究中，警告标志包括缺乏睡眠、做噩梦、妄想、飞速运转思绪、摄入酒精、无法平静、改变习惯、悲伤、想太多、不被重视、联系前任、出现负面念头和孤独隔绝。

当一个人出现警告标志时，谈论这些标志是有好处的，因为接下来也许就是他们制订安全计划的好时机。在这样的时刻，他们也许想靠安全计划来解决问题，保障安全，直到自杀念头消散为止。人们以不同方式使用安全计划：有人会在钱包或者手袋里放一张叠起来的副本，有人则在冰箱上贴一份，也有人会以照片的形式在手机里存一份。有人发现，当感觉危机在发酵时，从第一步依次做到第六步是有用的；其他人则会在开始觉得安全的时候，跳过某些步骤，或者停在某一步上。我想强调，这些都没问题——关键是以对个体有效的方式来使用安全计划。

第二步：明确内在的应对策略

在第二步里，内在应对策略也是由双方一起探索开发的。这些策略是该个体可以独自应用的，目的是更好地应对自杀念头或冲动。总的来说，这些策略是无论何时何地都能方便获取的东西。要想引出这些策略，可以问他们在有自杀念头时，能用什么东西来分散注意力。可以是让他们感觉好的东西，可以是他们喜欢的东西，或者是能把他们"传输"到一个更平静状态的东西。这一类应对策略的例子包括：

- 听最喜欢的音乐
- 画画
- 遛狗
- 泡一个让人放松的澡
- 看电视
- 玩电子游戏
- 做瑜伽

制订安全计划的关键是搞清它的可行性，以及这些应对策略的安全性。比如，探明应用这些策略是否存在障碍，以及危机中的个体真正用到这些策略的可能性有多大。检查障碍和应对策略的功效也许是我从芭芭拉和格雷戈里的培训中学到的最重要的一课。以朱丽叶为例，她在一次自杀企图后入院接受治疗，她表示"出门跑步"是自己的内在应对策略之一。从表面上看，这是一个合理的策略。但是，当她被问到自杀念头会在一天里的白天还是晚上加剧时，她说通常是在深夜，离上床睡觉的时间不远。所以回想一下，深夜出门跑步也许并非最合理的应对策略，因为它也许是不安全的。

朱丽叶的另外一个策略是"看书"。举个例子，我就无法在有压力的时候集中注意力看书。所以再一次，不要忘了搞清楚他们在危机中是否能用上某个策略。但朱丽叶也明确了，那匹"脱缰野马"（指自杀念头）没法阻止自己看书，这对她是个很好的内在应对策略，所以可以纳入她的安全计划中。尽量具体也会有所帮助。举个例子，如果有人提议的策略是看书或者在奈飞上刷剧，也许最好搞清楚他们可能看的书或剧是什么，也许要温柔地让他们避开情绪非常激烈或者可能会导致抑郁的内容。

在一项令人激动的新研究中，通过生态瞬间评估法（ecological momentary assessment），芭芭拉和同事们发现，那些让有自杀倾向的人分散注意力或积极行动的策略，比如让自己忙起来、想积极的事情和为自己做点好的事情，能在短期内帮助人们降低自杀念头的剧烈程度。[7]人们也表示正念类的策略，比如让自己保持平静，保持这种感觉直到自杀念头过去，也是有效的，但是这些似乎没有减少自杀倾向的剧烈程度。生态瞬间评估法是指人们被实时询问并回答自己在做的事情以及当下的感觉，这些被记录在一台可移动的设备上。[8]这个方法允许研究人员确定自杀想法随时间的变化是如何受到其他事情影响的，比如他们是做了什么来应对自己的感觉的。

第三步：明确能转移注意力的人和社交场合

在这一步中，我们试着找到能够让人的注意力从自杀念头或者冲动上转移开去的人和社交场合。同时，我们需要探明执行这一步的可行性以及任何可能的障碍。明确这个人是不是他会经常聊天的人，会不会乐意给他打个电话、同意和他见面。你能在讨论中尝试明确这些人或者社交场合是否合适。如果提出要去健身房，就要检查它的营业时间，明确需要时它还开着。显然，酒吧和能提供酒精的地方最好要避免。

这类人和社交场合举例如下：

·朋友、家人、熟人
·类似咖啡馆、公园、健身房、宗教场所、博物馆、电影院、图书馆等社交场合

要避开的地方包括：

·酒吧、夜店
·能接触到毒品的环境
·赌博场所（彩票亭、赌场）

第四步：有自杀念头或自杀冲动时，与选定的家人或朋友联系，寻求支持

身处危机中的个体会找那些对自己有帮助的人倾诉。这些人得是安全且可靠的，有自杀危机的人向他们透露自杀念头的时候是轻松自在的。随着这些步骤，我们便从监控风险标志和情况转向更主动地回应，以保障个体的安全。当一个人觉得之前的步骤没能也无法保障自己安全的时候，就轮到这一步了。当和某个个体一起完成这一步时，鼓励他想想，这个人是否会让他感觉不那么难过。

举个例子，在安全计划这一步里引入一个可能会令该个体更加难受的前伴侣，也许并非明智之举。被选中的家人或朋友不应该小于十八岁，并且按照前两步的建议，想清楚所选的家人或朋友能否联系得上，以及联系该人时可能存在的任何障碍。请该个体把安全计划的副本共享给选定的人是个很好的做法，不过这不应强制。至少，危机中的个体联系的人们应该同意被纳入这个安全计划中来，清楚该个体对他们存在什么样的预期。因为很多有自杀倾向的人在社会上也是孤立的，或者是与社会脱节的。我们要留意，他们在有需要的时候也许并没人可以求助。我们要做的最后一件事情就是向他们强调这个事实，即他们也许没法完成计划中的这一步。

第五步：联系专业人员寻求帮助

这是一份供危机发酵中的个体联系求助的专业人员和机构的清单。清单会因为不同国家的情况而有所不同，但关键的专业人员和机构应该包括：全科医生、精神病专家、社区精神科护士、危机解决及家庭治疗小组、社工、危机热线以及其他的急诊服务。和之前一样，要着重明确这类服务在自杀危机中的可用性和可能遇到的障碍。举个例子，有些人也许会觉得把专业人员和机构的电话号码存在手机里很有用，这样他们在面临危机的时候帮助就触手可及。有必要记住，寻求帮助是一种行为，因此行为实施的原则和其他行为是一样的。换句话说，为了增加我们采取这些行为的可能性，尤其是在危机期间，要想清楚触发因素、障碍和促进因素什么是至关重要的。

第六步：确保环境安全

无论安全计划之前的步骤是在关注明显的警告标志和应对策略，还是列出了危机时可以联系的人员名单，最后这个步骤关注的是确保环境安全。这可以说是我们作为伴侣、父母或者朋友能产生最大影响力的步骤，方法就是让我们所爱的人拥有安全的环境。在第六步里，我们真的需要和那个个体合作，移除或者限制致命的自杀方法（比如大量的处方药或者其他的环境诱因）。相比其他的步骤，这一步的合作性质也许是最突出的，因为它要求那个个体同意对环境做出改变。这一步相关的对话是探讨他们在自杀危机中可能用来伤害自己的东西，并搞清楚他们还能用到别的什么东西。这一步也许要包含一个共识，即在危机中保障一个人安全的重要方式是提前计划，移走或者限制他们获取可能会使自己受伤的东西。问清楚我们要如何让这些东西变得更安全，甚至具体到双方尝试制订一个能做到这点的计划。记住，计划越具体，就越有可能被执行。

举个例子，如果一个人担心自己会过量用药，他也许会同意回家后立刻就把所有有毒的药物处理掉，或者同意把药物收纳在带锁的盒子里，又或者请别人（比如伴侣）照看自己的药物。明确这个计划，想清楚所有障碍，并像应对之前的障碍一样，试着找到解决问题的方法。

有人报告说第六步是最难完成的，因为在限制获得致命方法这一点上会涉及实操性和敏感性的问题。例如，通过和美国同行们交流得知，他们那里对于限制获得枪支有着特别的敏感性。解决这类困难的方法是要试着增加个体和枪支之间的距离，或者让他们同意把弹药和枪支分开存放。[9]第六步的另一个挑战在于，很难限制个体进入危险区域（比如桥梁），也很难阻止个体进入某些不易获得救助的地方尝试自杀（比如上吊）。尽管有困难，但还是有可能计划远离这些危险区域（比如下班后选择不同的路线回家，避开危险区域），或者限制使用常见的自杀方法（比如收走或锁好所有的领带和任何潜在的捆绑材料）。

等完成了安全计划，通过回顾整个计划并从相关个体那里获得反馈来结束对话，确保他期望包括的所有东西都被记录下来了。

无须多言，完成安全计划并不能保证一个人的安全，但在他们经历自杀危机时，它肯定减少了他们把自杀念头付诸行动的可能。

我第一次接触安全计划时，就惊喜于它的简单实用。然而，我也担心人们使用这个技术的方法不对。例如会有人把它教给要出院的人，鼓励他们到家后完成这个计划（这不是最好的做法，因为这么一来就不可能把建议的每一步都讲清楚）。有的人会紧密且协同地和患者一起努力，把安全计划纳入对患者的持续临床关怀中，这才是最佳的做法。

当时还没有通过随机临床试验（Randomized Controlled Trials，RCTs）来证明安全计划在减少自杀行为上的效果，但也是从那时候开始，相关证据一直在增加。尽管我们还在等一个最终的随机临床试验的结果，但来自大量不同种类研究的发现，证实了它有助于保护存在自杀倾向的人的安全。[10]

具体来说，美国的临床心理学家和安全计划干预手段的奠基者——芭芭拉·斯坦利（Barbara Stanley）和格雷戈里·布朗（Gregory Brown）在 2018 年发表了一项很有说服力的研究，这项研究阐述了安全计划的效用。[11] 在这个被称为群体比较研究（a cohort comparison study）的项目中，他们调查了在美国退伍军人医院急诊科就诊过的患者中，安全计划和后续电话联系是否与自杀行为减少有关。他们对比了两组在不同医院就诊的人群（群体比较），一组在常规治疗外受到了安全计划干预和电话支持（干预组），另一组只受到了常规治疗（对照组）。研究结果相当正面。在收到了安全计划干预和电话支持的人中，自杀行为减少了45%。相比对照组，在有安全计划干预和电话支持的这一组里，后续六个月里发生自杀行为的可能性减半了。患者们出院后至少会收到两次电话联系，通话时研究人员会观察他们的自杀风险，患者也有机会检查、调整和加强自己的安全计划。

在英国，我们也进行了一项名为"安全来电"（SAFETEL）的后续电话支持的安全计划研究，目的是确认把安全计划干预纳入英国的国民保健制度是否可行且可接受。[12]我们和芭芭拉、格雷戈里合作进行这项研究时，他们用安全计划的黄金实施标准对我们进行了培训。培训中，我扮演了一名企图自杀的患者，芭芭拉则扮演心理健康专家。这一次角色扮演，连同其他的培训，可以说非常有启发。它强调了安全计划远远不止于一张安全计划表。哪怕芭芭拉和我不过是在角色扮演，一起构建安全计划，我也能感受到芭芭拉的激情、共情和温暖。

安全计划是帮助两个人一起思考自杀诱发因素的工具，要构建出降低未来风险的方法。要完成它，需要进行一场对话，一次双向的交流，通常以脆弱的一方讲述导致自己自杀企图的故事开始。根据心理学的说法，以人为中心非常关键，要专注你面前的人，而不是以程序为中心，执着于完成表格。还需要牢记的是，处在压力之下的那个人才是他自己生活和经历的专家。在这一章里，我大量引用了芭芭拉和格雷戈里的训练以及他们开发的资料。[13] 他们的训练也强调了什么是安全计划，更重要的是，强调了安全计划不能做什么。

安全计划的目的是作为短期的干预手段，转移个体的自杀念头，直到他的情绪好起来。自杀念头是时有时无、来来去去的。[14]因此，在自杀念头最强烈的急性自杀期，安全计划是保证个体安全不可或缺的因素。无论是在哪一次，我们都很难准确知道急性自杀念头会持续多久。它们可能是一阵一阵的，持续时间较短，但对一些人来说，它们还可能是更持久但低水平的。[15]

在可能随时会有自杀风险的时刻，我们想要阻止人们跨过动机阶段，进入意志阶段。我的担忧在于每当这样的时刻来临，那扇通往自杀的门都会打开，那个人就有走进去的风险，他就有可能走向死亡——而这就是安全计划出手的时候了。这里我将继续使用门的比喻：安全计划并不是要关上门，相反，它是转移这个人的注意力，或者促使他去联系别人，要么做点别的事情，而不是进到门里。它阻止了他跨过从自杀念头到自杀行为的那条界线，保护了他的安全，直到自杀念头退去，那扇门关上。而当那扇门再次被打开时——对很多人来说都会如此——他们已经做好了准备，可以再次做出应对，以保障自己的安全。换句话说，安全计划提升了个体在面对自杀冲动和念头时的自我控制感。

安全计划并非一成不变，而是被设计成一份可以随着时间升级的文件。我们发现，在住院时制订了安全计划的人中，有 20%

在后续的电话支持里调整了他们的计划。

　　安全计划应该列出内部和社会的干扰，以及在危机中可以联系求助的人的姓名和细节。永远要谨记，安全计划是别人的计划，不是你的计划。它应该写得简明易读，并由这个人自己来写。通过这么做，可以形成一种拥有感。关键是，它是两个人之间的合作，通常在一名心理健康专业人员和有过自杀倾向的人之间进行。芭芭拉和格雷戈里发明安全计划干预的最初动机是想要在出院和后续治疗之间保障个体的安全。安全计划能有效执行的关键是其中的合作元素。而在合作的过程中，无论环境如何，都应该传递出尊重和共情，以期这样的态度可以促进被支持的人参与治疗。

　　国家心理健康合作中心（The National Collaborating Centre for Mental Health，NCCMH）联合英国健康教育部门（Health Education England，HEE）制定了针对自我伤害和自杀预防的能力参考标准，旨在让非临床医生和临床医生都能自信地为人们提供安全计划。[16]这个参考标准也被应用在了更多的职业中，比如教师、青少年社工、警察和志愿者，同时也包括了心理健康专家。参考标准还被延伸到了安全计划之外，强调了区分自杀风险的动机阶段和意志阶段的效用。我很开心能成为成人专家咨询组的一员，为参考标准的发展提供了建议，同时尝试为更多社区配备自杀预防干预技术。

　　尽管风险评估和情绪检查通常被纳入安全计划的实施过程中，但安全计划并不是一种长期的情绪监测或管理工具，同时它也不是为有即时自杀风险的人设计的。请记住，如果某人有急性自杀倾向，则应遵循标准的风险评估程序，包括在必要时联系急救服务。最后，除非经过调整并证明是合适的，否则安全计划不应该用于有认知障碍的人。目前，还不清楚标准安全计划对孤独症患者等神经多样性人群有多大的可行性。不过，我参与了由纽卡斯尔大学的杰奎·罗杰斯（Jacqui Rodgers）牵头的一项研究，我们正在测试为孤独症患者量身定制安全计划的可行性。[17]

安全计划口袋卡

在本书进入保障安全的长期干预的部分前，介绍一下格雷戈里和芭芭拉发明的一种安全计划口袋卡——4R 安全计划，这对那些要实施安全计划的人来说是绝佳的备忘录。[18]

安全计划口袋卡

安全计划的基本原理（Rationale）

· 解释自杀危机是如何产生和消失的，以及确定警告标志
（和个体自身的经验有关）
· 解释安全计划是如何帮助防止把自杀念头付诸行动的

应对（React）危机，降低自杀风险

· 在合作中理解每个步骤的原理
· 在合作中针对每一种应对策略或者资源头脑风暴，想主意
· 在合作中提升可行性/移除障碍
· 要事无巨细

移除（Remove）致命手段

· 合作开发行动计划以限制获得自杀手段或者自杀计划
· 合作开发行动计划限制获得武器

回顾（Review）安全计划来解决担忧

· 获得反馈以评估安全计划的有用程度和执行的可能性
· 评估把安全计划放在哪里，以及何时使用
· 评估安全计划对于预防你把自杀念头付诸行动是否起效，
如不起效，则分析其原因
· 评估如何调整安全计划，使其更有用

长期干预

过去二十五年来，关于通过长期心理干预减少自杀行为的随机临床试验的数量显著增加。正如之前指出的，这些长期的干预往往需要一个能治疗某种心理疾病的专业人员。但如果我们查看科克伦系统综述数据库[*]就会发现，尽管试验的数量有所增加，但研究的匮乏也是显而易见的。

科克伦系统综述数据库是询证综述的黄金标准，被用来为事关医疗保健的决策提供信息。2016年，该机构针对心理社会干预的证据发表了两篇综述：一项关于针对成年人的治疗，另一项则关乎对儿童和青少年的治疗。[1]这两篇综述都由牛津大学的基斯·霍顿牵头，

---

* Cochrane Library of Systematic Reviews，是医疗保健领域系统综述的主要资源库。

研究人员们关注了所有形式的自杀行为，包括自我伤害的人以及企图自杀的人。哪怕这些综述包括简短接触干预以及长期干预，也只包含涉及 17699 名成年人的 55 项试验，以及涉及 1126 名儿童及青少年的 11 项试验。

对于什么研究能被纳入综述，科克伦数据库倾向于采用非常严格的标准，尽管自从上述综述发表以来，试验数量在持续增加，但依然不够。事实上，和身体健康的相关研究数量相比，科克伦数据库还差得非常远。举个例子，慈善机构"MQ 心理健康研究所"（MQ Mental Health Research）估计，花在研究癌症上的资金是花在心理健康研究上的 25 倍，[2] 而自杀预防研究仅能获得这些资金中的一小部分。

在这一章里，我会细数在预防自杀行为上最有效果的主要社会心理干预手段。尽管大量综述显示，类似的干预减少了自杀念头和行为，但没有证据表明它们预防了自杀。这不意味着它们无法预防自杀，而是能证明自杀率下降所需的样本数量太过巨大，我们还未能开展符合规模要求的研究。

在我带你依次认识每一个治疗方法的同时，试着想想这些干预中的有效因素，思考一下它们是如何利用动机 - 意志综合模型中不同的组成部分的。不难发现，不同的方法中有很多同样的元素。但获得这些治疗方法中任何一种的路径都很坎坷，且这些治疗方法常常需要排队等候才能获得。但是再强调一次，如果你认为有人处在即时的自杀风险中，不要犹豫，马上联系急救服务。

辩证行为疗法

辩证行为疗法（Dialectical behaviour therapy，DBT）是由华盛顿大学的心理学家玛莎·莱恩汉（Marsha Linehan）开发的，这一疗法是治疗自杀行为和边缘型人格障碍（borderline personality disorder，BPD）的有效方法。确诊为边缘型人格障碍的患者，特征是情绪不稳定、思维模式紊乱、行为冲动、人际关系激烈但通常不稳定。数十年来，莱恩汉一直是心理治疗领域中的重要人物。她在六十八岁时第一次披露了自己和心理健康问题的战斗，包括十七岁时入院治疗二十六个月，之后几年里又多次企图自杀以及自我伤害。伴随一系列的治疗，她痊愈了。2011年接受《纽约时报》采访时，莱恩汉把痊愈归功于学会接受自己，同时也承认改变是必要的。³ 没错，这两个方面成了辩证行为疗法的核心，这是一种认知行为治疗，并结合了一系列其他概念，比如自我接受和正念。

"辩证"一词出自"辩证法"，意思是探明矛盾及其解决方式。辩证行为疗法的目的是通过找到自我接纳和改变之间的平衡来解决人们生活中的矛盾。这个疗法直接针对自杀行为，或者任何可能干扰治疗的行为，以及其他危险和导致了不稳定状态的行为。后者也许涉及边缘型人格障碍的某些症状。辩证行为疗法是一种高强度的干预，结合了每周的心理治疗、小组技能训练和电话支持，以及与心理医生的咨询，通常要进行十二个月。莱恩汉针对女性近期自杀行为及非自杀伤害行为的开创性随机临床试验的结果让人印象深刻。在为期两年的研究中（包括一年的治疗和一年的随访），那些接受了辩证行为疗法的患者试图自杀的可能性下降了一半，他们因自杀想法而入院治疗的可能性也有所降低。[4]

最近，不断有新证据表明，辩证行为疗法的其中一种调整版本——DBT-A 也许对存在重复自我伤害以及自杀行为的未成年人有效。[5] 这里所说的调整，是指将干预时长缩短至 19 周以适应未成年人。但和成人版一样，DBT-A 也包含了每周的单独心理治疗、家庭技能训练、家庭心理治疗，以及按需提供的电话辅导。总而言之，综合不同研究的结论来看，针对成年人和未成年人的辩证行为疗法似乎在降低自我伤害或者自杀行为的频率上是有效的，但无法降低自我伤害或者企图自杀的群体的比例。

认知治疗和认知行为治疗

在所有针对自杀行为的心理社会干预中，大部分研究面对的都是认知治疗（cognitive therapy, CT）和认知行为治疗（cognitive behavioural therapy, CBT）。在我看来这两种说法通常可以交替使用。在这个部分中，我会按照特定实验作者选用的说法来使用认知治疗和认知行为治疗的名称。

认知行为治疗是美国精神病专家、精神治疗师亚伦·T. 贝克（Aaron T. Beck）在 20 世纪 60 年代发明的，这是一种概念化理解并治疗抑郁症的新方法。这一开创性工作的基础是抑郁症的认知模式。[6]认知模式的首要前提是，抑郁症患者的信息处理系统功能失调，因此他们对自己、世界和未来的看法是扭曲的。这三点认知导致的结果就是，他们认为自己是无法被爱的，认定周围的人觉得自己没有价值，而且未来的情况只会更加糟糕。按照贝克的说法，这些信念是经由一整套的认知偏见发展而来的，比如自动的负面想法。

当我们感到压力时，自动的负面想法造成的问题尤其严重，因为它们是习惯性的，会对我们的感觉和行为产生不良影响。它们会导致我们进行更严厉的自我批评，助推灾难性思维，让我们相信最糟糕的事情即将发生，增加我们以非黑即白的眼光看待事情的可能。如果你回想一下动机 – 意志综合模型的核心元素，就很容易看到这些自动负面想法（以及其他的认知偏见）是如何助推某人的挫败感、羞耻、身为负担的感觉，以及无法忍受的被困感的。

在认知模式的指导下，贝克针对抑郁症开发了认知行为治疗，来挑战失调的思想和行为，提升对情绪的管理，给出解决问题的策略。认知行为治疗的应用如今已经被延伸到了整个心理健康问题的领域中，其中就包括了自杀行为。[7]通过一系列的治疗阶段，认知行为治疗帮助患者重新认识自己的思考方式和行为方式，学会用新的技巧来缓解压力，并能顺利应对未来的挑战。

预防自杀企图的权威实验是由格雷戈里·布朗领导的，结果发表于 2005 年。在和贝克的合作中，布朗发现相比常规治疗组中的实验参与者，如果这些实验参与者接受过专门设计来预防重复自杀企图的认知治疗，有过自杀企图的成年人在接下来十八个月里再次企图自杀的可能性就减半了。[8]在认知治疗的十次治疗中，我们能够明确那些似乎是在自杀企图产生后被激活的即时想法、画面和信念，从而设计出针对认知及行为的策略，帮助个体应对接下来的压力因素和自杀诱发因素。而其他脆弱因素，比如糟糕的问题解决能力、（缺乏）控制冲动的能力以及社交孤立，同时还有治疗临近结束时接受的复发预防治疗也都得到了处理。

最近，临床心理学家戴维·鲁德（David Rudd）和克雷格·布莱恩（Craig Bryan）及其同事们发现，与单独接受常规治疗的人相比，一个简短版本的认知行为治疗似乎使某个军队样本中的自杀企图下降了60%。[9]只有时间能告诉我们这个简短版本的认知行为治疗是否对其他群体也有效。科克伦系统综述数据库是认知行为治疗能涵盖所有族群、不同研究团队的最强有力证据。它总结道，相比常规治疗，"基于认知行为治疗的精神疗法显示出了明显的治疗效果"。但是，尚不清楚认知行为治疗在减少儿童及青少年的自杀行为方面的有效程度如何。大体上，存在这样的不确定性是因为几乎没有研究项目针对年轻人群进行过实验。但是也有少量证据表明，以正念为基础的治疗，一种为期十二个月的心理动力学疗法，也许在减少未成年的自我伤害方面有效。[10]这项干预包括针对冲动和情绪的每周单独治疗和每月家庭治疗，目的是帮助年轻人以及那些身处困境的人更好地表达自己的情绪。除此之外，伦敦大学国王学院的丹尼斯·奥格林（Dennis Ougrin）和同事们的另一项综述重点研究了针对未成年人自杀企图和自我伤害的治疗干预。[11] 他们的结论是，有证据显示治疗干预是有效的，这一结论主要来自对辩证行为疗法、认知行为疗法和以正念为基础的治疗的研究综述。

总而言之，在各种不同的心理干预中都可被证实的一点在于，尽管这些方法可能有不同的焦点或者指导思想，但同样的关键节点往往成为治疗的目标。这些同样的元素——冲动、自我批评、应对方法、心象、解决问题能力和自我价值——都可以在动机－意志综合模型中找到。

自杀问题的合作评估与管理

自杀问题的合作评估与管理（Collaborative Assessment and Management of Suicidality, CAMS）是华盛顿特区的美国天主教大学的临床心理学家戴维·乔布斯（David Jobes）在 20 世纪 90 年代开发的。[12] CAMS 专注于识别和定位自杀念头、冲动和行为，并将其作为治疗的首要目标，而不是优先考虑潜在的精神病理学。这是一个评估和治疗自杀念头及行为的的参考标准。自杀问题的合作评估与管理的指导原则是，要把脆弱的患者稳定住，并迅速让他们参与对自己的安全掌控。[13]

我认识戴维·乔布斯并了解他的研究内容多年了，我们是好朋友。我依然记得被他在 2008 年格拉斯哥举行的欧洲自杀和自杀行为研究会上的发言震惊到的情形。在那次发言中，他重申了支持着自己进行自杀问题的合作评估和管理开发的部分思考。那次发言中的两点给我留下了尤其深刻的印象，尽管它们是和自杀问题的合作评估和管理直接有关的，但它们也适用于自杀预防的所有方面。

首先，长期以来，乔布斯一直认为，为了提升临床效果，我们需要放弃简化论的观点，即把自杀视作一种精神疾病症状或其副产品。要减少自杀念头和行为，需要的不仅仅是治疗精神疾病。他明确表达出了自己的观点——减少和自杀问题相关的精神痛苦不仅需要药物，我对此表示赞同。我不是说药物在治疗精神疾病上是无效的，而是当和有自杀倾向的患者合作时，核心的临床目标应该是治疗自杀问题。这一点，连同更广泛的心理问题，应该成为核心的治疗目标。

其次，乔布斯挑战了传统的"克雷佩林式"方法*中患者和医生的关系。这种关系的倡导者们倾向于将医生视作专家，而患者或者来访者被看作是对前者问题的被动回应者，以及他们给出的诊断的接收者。乔布斯迫切想要改变这种"关系状态"，让其从教导性质变成合作性质，因此他在CAMS中加入了"合作"一词。通过自杀问题的合作评估和管理，患者成了自己治疗中的积极合作

---

* 以极具影响力的德国精神病学家埃米尔·克雷佩林（Emil Kraepelin，1856—1926）的名字命名，他被很多人认为是现代精神病学的创始人。

者，和医生一起找出针对自己痛苦的解决方案。医生则直接面对自杀问题，保持同理心，承认患者有寻死的欲望，但帮助他们去探索并接受别的选择。这不仅仅是一种概念上的合作，而是真正的合作。医生在评估和治疗规划期间要并肩坐在患者身边，试图把他们在合作寻找解决方案的信息传递出去。

CAMS 的核心是自杀情况表（Suicide Status Form，SSF），一种在治疗全程中都会用到的临床工具，从评估到稳定计划一直到治疗计划都能用到它。在三个阶段的初始评估中，自杀情况表被用来了解个体承受了何种程度的心理痛苦、导致痛苦的有关情况，对其进行综合风险评估，以及他们对整体自杀风险的自我评估都在此刻进行。自杀情况表同时也被设计用来找出活下去的理由，以及对应的选择死亡的理由，并找出一件能帮助这个人不再感觉有自杀倾向的事情。自杀情况表的最后一部分旨在促进对治疗计划的讨论。治疗计划是围绕着一系列需要解决的问题制订出来的，明确了目标的细节，以及达成解决问题这一目的的干预手段。

在研究证据方面，据我所知，自杀问题的合作评估和管理在五项随机临床试验中进行过验证，还有其他试验也正在进行。[14] 根据这些研究，有一致的证据表明，在社区的门诊患者、专门精神护理中心的患者，学生群体以及军人群体中，自杀问题的合作评估和管理能有效减少自杀念头。但到目前为止，每一项研究的样本数量都相对较少，因此，很难明确自杀问题的合作评估与管理在减少自杀行为上的效果。

自杀未遂短期干预项目

尽管有不断增加的证据表明，长期治疗干预所面临的挑战是治疗的连续性不理想。很多患者感觉医生不理解自己，或者接受的治疗不够以自己为中心，抑或合作程度不够（显然自杀问题的合作评估和管理同上述的其他社会心理干预不在此列）。为了应对这些担忧，瑞士伯尔尼大学的康拉德·米克尔（Konrad Michel）和安雅·吉森-马亚尔（Anja Gysin-Maillart）开发了自杀未遂短期干预项目（Attempted Suicide Short Intervention Program，ASSIP），该项目的临床研究发现首次发表于 2016 年。[15] 这一方法的基本理论基础是，自杀是一种目标导向的行为。根据这个观点，要想理解自杀，人们需要理解个体的故事，他们的信念、企图和欲望。把自杀视作目标导向行为的观点在我开发动机－意志综合模型的时候，就对我的思想产生了重要的影响。至今，我依然常在发言时引用康拉德·米克尔的观点，因为他是我所知的第一个把自杀说成是有意识行为，而不仅仅是疾病标志或者病理的人。早在他与他人联合开发出自杀未遂短期干预项目之前，他就坚持这一观点，至今已经数十年了。

至于临床影响，自杀未遂短期干预项目优先考虑的是治疗联盟，即医生和患者之间的关系。它也从一个叫作埃施团体 * 的国际组织所开发的临床指导意见中，汲取了很多内容。这个组织曾在瑞士的埃施举行双年会，讨论针对有自杀倾向的患者的新治疗手段，我有幸在 2002 年时参加了第二届双年会会议。

我清楚地记得，在那次会议的研讨会上，康拉德播放了患者们讲述自己有关自杀念头和行为的故事。我们会剖析患者和医生之间的对话，找出最佳的实践做法，从这些交流中去思考和学习。埃施团体就提升治疗方法效果而达成了共识的六点原则值得强调，它们直到今天依然是正确的：[16]

1. 和患者一起努力，以获得对他们自杀倾向的共同理解。
2. 意识到大部分有自杀倾向的患者正处在精神痛苦中，且缺少自尊。
3. 不做评判，仅提供支持。
4. 以患者自述开启社会心理评估。
5. 见面的目的是让患者加入治疗关系中来。
6. 自杀行为的新模型对于达成对患者自杀问题状态的共同理解至关重要。

---

* Aeschi Group，一个有二十多年历史的医生组织，这个组织成立的目的是保证在自杀未遂后对患者进行紧急评估的质量。

尽管我们依然有很长的路要走，但让人欣慰的是，以上大部分新型社会心理干预，无论短期的还是长期的，都符合这些原则。任何有效果的干预都一定要医患合作，要出于对自杀痛苦的共同理解。没错，这要求迅速建立起一个支持性的治疗关系。

回到自杀未遂短期干预项目上，它包括三次临床治疗及后续两年的半标准化信函。[17] 第一阶段旨在建立治疗关系，进行叙述式访谈，记录下引发患者自杀企图的详细故事。访谈要在患者同意的前提下被录音，并在第二阶段中回放，目的是达成对自杀危机的共同理解，专注在自杀念头到自杀行为的转变上。患者也会收到一份心理教育手册，并被要求对其进行评价，因为这些评价是对他们状况的复述和反思。第三阶段要对手册进行讨论，共同商定警告标志以及个性化的安全策略，并为患者提供一份危机联系电话和支持的清单。在随后的二十四个月内，第一年里，患者每三个月会收到一封医生签名的信，第二年里则是每六个月一封，和关怀信类似。这些信里有几句个人内容，但大部分都是标准格式，提醒他们自杀危机的长期风险以及安全策略的重要性。

到今天为止，针对自杀未遂短期干预项目仅发表了一项随机对照试验，但它的结论相当鼓舞人心。在为期两年的后续跟踪中，仅出现了 5 次自杀企图，而在常规治疗组中，这个数字是 41 次。[18] 这意味着再次企图自杀的风险下降了 83%，除此之外，我们还收到信息，表明自杀未遂短期干预项目的参与者在跟踪阶段的住院时间减少了 72%。在全球范围内，还有其他的研究小组在自己国家针对自杀未遂短期干预项目进行研究，所以让我们期待他们会有更多的积极发现吧。

数字干预

　　迄今为止，我一直专注于面对面干预，但考虑到大部分死于自杀的人在死前十二个月里没有接受临床治疗，[19]他们鲜有机会受益于上述量身定制的治疗方案。不仅如此，正如我已经强调过的，因为患者需要排队等候，面对面治疗充其量也只占总数的零头，因此我们需要考虑提供治疗的替代方案。另一个真相是，很多死于自杀的人也许从未寻求过帮助。所以，数字干预代表了另一种重要的方法，可以触达那些没有寻求帮助的，或者当下被排除在外的人。这些干预可以有不同的形式：有的针对失眠或者抑郁提供了自我引导的认知行为治疗，有的则包括了正念和安全计划。[20]尽管数字干预不适合所有人，但广泛的应用场景让其在自杀预防中占有一席之地，尤其是在新冠疫情后的世界里。那么，就数字干预而言，研究证据说明了什么呢？

　　大体上，对数字干预自杀的研究证据，滞后于对其他心理健康问题的线上支持的研究，比如对抑郁症和焦虑症的线上支持的研究。但是近年来，澳大利亚的同行们在这一方面一马当先。举个例子，2019 年，悉尼黑狗研究所（Black Dog Institute）首席科学家海伦·克里斯坦森（Helen Christensen）和同事们发表了一项针对有自杀风险的人进行自助心理干预的综述型研究。[21] 他们总结出了 10 种直接干预（针对自杀问题），还有 6 种间接干预（针对抑郁症而不是自杀）。总体而言，他们发现这些干预措施指向干预结束后立刻减少的自杀念头，还发现相比起间接干预，直接干预是最有效果的。因此，提供线上抑郁治疗的手机应用或者网站不太可能单靠自身来预防自杀。这强化了戴夫·乔布斯的观点，即治疗需要直接针对自杀问题，无论支持是面对面的，还是以数字的形式提供的。

值得强调的还有，自助式数字干预的治疗效果与面对面治疗的效果非常相似，但是与数字干预效果有关的问题还有很多尚待回答。类似于面对面治疗，我们还不清楚它们是否对男女都一样有效，是否对年轻人和更年长的人一样有效，以及对不同种族的人群和生活在世界上不同地方的人群（比如高收入国家对比中低收入国家）来说效果是否一样。我们并不知道使其起效的因素是什么，保护效果又能持续多久，以及关键问题——它们是否真的减少了自杀企图。当下对自杀预防的数字干预的研究还处于襁褓阶段，但迄今为止的证据还算积极，前景是乐观的。

简而言之，这些基于研究证据的心理社会干预，无论是数字的还是面对面的，让那些需要它们的人能够获取是至关重要的一点。那些因自杀危机而被送进医院的人，在出院时往往没有获得治疗计划或者相应的帮助。证据很清楚了——我们需要做得更好，确保持续关怀得到优先考虑。当一名患者从危机过渡到康复阶段时，需要安全计划，迅速转诊（的条件），以及有计划的后续随访和帮助。[22]

PART 4

救助容易自杀的人，
以及因自杀痛失所爱的人

在最后一部分，让我们听听那些询问了这个问题的人的故事，也听听这么做是如何拯救生命的。但询问有关自杀的问题很难，所以我会描述要怎么去做，并提供明确的指导或贴士，以期能做到最好。我希望能给你询问有关自杀的问题的信心——这个问题被我称为"大写的 S"问题。

我还会为家庭成员们提供指导，帮他们救助家中有自杀念头或有自我伤害行为的青少年。除此之外，我会讨论为有自杀倾向的朋友或者同事提供帮助和支持的不同方法。考虑到创伤在有自杀倾向的人中是如此常见，我们还需要更了解创伤，注意到可能易感的家庭成员、朋友或者同事的需求。

在最后一章里，我探讨了自杀对家庭成员、同事以及朋友们造成的毁灭式打击，以及那些患者死于自杀的医生受到的打击。

如何与有自杀倾向的人交谈

你也许还记得，没有证据表明询问有关自杀的问题会把这个想法"植入"一个人的脑中，这个问题反而能够开启拯救生命的对话（见第 45 页）。因此，如果你担心一个人，就请直接问他是否有自杀倾向。这可以为他提供非常需要的帮助和支持。在研究证据之外，我也遇到了很多现实生活中的例子，人们询问了某个朋友或者同事是不是有自杀倾向，这成了后者寻求帮助的催化剂。

几年前，我参与的一部纪录片播出后，一个名叫杰克的年轻人给我发了封邮件，说这部纪录片让他鼓起勇气去询问一个朋友是否想要结束生命。这里提到的纪录片是 BBC 的《格林博士：自杀与我》（ *Professor Green:Suicide and Me* ），出品人是英国说唱歌手格林博士，这也是他就男性自杀问题的一次个人探索。[1] 他出品这部影片，一方面是为了更好地理解自己父亲的自杀，另一方面也是因为被统计数据所震撼——他发现英国全部自杀案例中的四分之三都是男性。尽管他曾把父亲的自杀写进自己的音乐里，比如他那首白金销量歌曲《阅读一切》(*Read All About It*)，但这部纪录片是他第一次对家人敞开心扉，探讨有关死亡的问题。这是一部让人情绪翻涌的纪录片，尤其是讲到他和亲手养育他长大的奶奶的那部分。

除了采访我来了解关于自杀的心理学，格林博士也见了一些直接受自杀影响的人，或者尝试过自杀的人。他见的其中一个人是前橄榄球运动员本，他尝试过自杀，但现在已经康复了，过得还不错。杰克"之前从来没认真想过人们为什么会自杀"，纪录片里的这一段让他对自杀和心理健康的想法变得不一样了。在看这部纪录片之前，他只觉得自杀"太吓人了"，无法想象。他认为结束了自己生命的人"有心理疾病，任何人都帮不了他们"，他也认为和自己相比，他们是"另一种人"，直到他在纪录片中看到了本。本让他想起了自家哥哥——他们长得很像，有一样的习惯。这让杰克认识到，有自杀倾向的人实际上和其他人一样。几周以后，他和一个哥们儿出门喝酒，这个哥们儿叫阿卜杜勒，刚和女朋友分手。阿卜杜勒的情绪显然非常低落，所以杰克一开始就想方设法让聊天的氛围轻松一些。

分手是阿卜杜勒所经历的一长串艰难经历中最新的一项。那天晚上，看过格林博士纪录片的杰克鼓起勇气，问朋友是否有自杀倾向。他事后回想时，觉得自己的做法显得很笨拙，因为他不知道该说些什么，但居然产生了效果。一开始，阿卜杜勒似乎被这个问题惊到了，但随后他什么都没说就哭了起来。杰克后来得知，那是解脱的眼泪，因为阿卜杜勒从来没有大声说出过"我筋疲力尽，我只想去死"这句话。所以，在杰克结结巴巴问出问题的时候，阿卜杜勒如释重负，也因情绪激动而无法自持。因为有人意识到了他状况不太好，他莫名地多了几分安全感。阿卜杜勒第一次和别人谈到他的"黑暗想法"，感觉自己多了一点掌控感。第二天，阿卜杜勒联系了自己的全科医生，不久之后又去见了一位咨询师，咨询师真正帮他理解了他关于失去的经历，包括亲密关系的结束。接下来的几个月里，阿卜杜勒依然身处困境中，但杰克和阿卜杜勒约定，一旦他再有自杀倾向，就会联系杰克。在他们第一次聊天的几周后，他也确实这么做了。阿卜杜勒感觉无比低落，担心他无法保证自己的安全。不过，和杰克坦白聊聊就足以让阿卜杜勒熬过自己的危机，也使他能一直坚持到和咨询师的下一次碰面。

　　类似杰克和阿卜杜勒这样的故事正变得越来越常见。正因如此，我们最近在苏格兰发起了一项新的自杀预防公众意识宣传活动，叫"联合预防自杀"（United to Prevent Suicide）。[2] 这个活动的目的是让大众具备谈论自杀的知识、技巧和信心，能支持别人去寻求他所需的帮助。活动针对的是每一个人，他们的朋友、熟人、同事或者家人，那些可能也有自杀倾向的人们。我们要打造一个预防自杀的社会运动，其核心理念就是，自杀预防事关每个人。千真万确，这和每个人都息息相关。我们战胜自杀危害的唯一方式，就是所有人都在自杀预防上尽举手之劳，无论这个举动多么微不足道。这个举动可以是一个简单的微笑，可以是向某个身处痛苦中的人施以关怀，也可以是无论何时见到对心理健康问题污名化的情况，都大声表示反对。

心理健康慈善机构撒马利坦会几年前发起的公众意识宣传活动"闲聊拯救生命"（Small Talk Saves Lives）是另一个绝佳案例，它展示了我们如何能在自杀预防中起到作用。[3] 活动的核心目标是告知大众，一次闲聊或许就能阻断某人的自杀念头，从而帮助拯救生命。这一活动联合了英国交通警察、铁路网络甚至整个铁路行业，鼓励人们在火车站或者任何地方和人们闲谈相关话题。他们的诉求很简单："如果你感觉某人也许需要帮助，相信直觉，发起对话。"但重要的是，在设计这次活动时，他们咨询了曾有过自杀倾向的人们，还借助了由密德萨斯大学的心理学家丽萨·马尔扎诺（Lisa Marzano）牵头的研究中的信息。[4]

尽管很难判定这类活动的影响，但在多媒体平台发起活动后的十五天里就吸引了一千多万人参与。活动也收到了知名人士的背书，比如斯蒂芬·弗赖伊和艾伦·休格勋爵。

"你还好吗？"（R U OK？）公共意识宣传活动是另一个来自澳大利亚的优秀例子，这个社会活动让成千上万的澳大利亚人知道了，当有人表示自己不太好时，自己应该说些什么。活动方提供了贴士和资源，让更多的人可以进行有可能拯救生命的对话。[5]

　　苏格兰多年来一直把预防自杀放在政府政策前沿和核心位置。这很大程度上是因为事实上几十年来，苏格兰在英国的四个王国里有着最高的自杀率。当我在 20 世纪 90 年代末搬到苏格兰时，这里的自杀率是英格兰的 2 倍。苏格兰高地的自杀率甚至还要更高。从那以后，情况已经有了显著进步，在实施了干预的 10～15 年里，自杀率下降了 20%。尽管不可能明确知道具体是什么导致了自杀率下降，但从 2002 年起，就有了国家级的策略和行动计划来预防自杀。[6]这个策略的一个关键内容就是强调谈论自杀问题和寻求帮助的重要性。该行动计划让成千上万的人接受了自杀预防及干预训练，也有成千上万身处痛苦中的人接受了短暂的酒精干预。除此之外，苏格兰的各地政府都根据自己社区的需求制订了本地的自杀预防行动计划。该策略的核心观点是，自杀预防需要从公共卫生角度切入，既要有地方行动，也要有国家级行动，并且人人都能贡献自己的力量。

询问自杀问题的贴士

　　询问有关自杀的问题会很困难，所以我会向你介绍一些小贴士，希望你能觉得它们有用。我在前文已阐述过警告标志，但这里值得再重复一次，连同其他我认为重要的内容，全部一起列出。

某人也许有自杀倾向的警告标志
如果某人有以下行为，他 / 她也许在考虑自杀： 说自己被困住了，是别人的负担，感觉未来没有希望。 经历了失去、被拒或者其他造成了压力的生活事件，并难以应对。 在安排生活事宜，比如送出昂贵的物品或者立好遗嘱。 情绪有无法解释的好转。这也许是因为他 / 她已经确定自杀是问题的解决方法了。 行为（比如睡觉、吃饭、饮酒、服药）有显著变化，或者出现其他的风险行为。 有自我伤害的历史或者曾经有过自杀企图。 行为无法预测，或者和性格不符。

倾听

以我的经验，询问关于自杀念头或者自我伤害问题时一个主要的障碍就是，人们不知道当朋友或家人回答"对，我想要自杀"后，自己要如何应对。当然，如果有人说他在考虑自杀，很容易引发恐惧和焦虑。你也许害怕自己会说错话，害怕你会让情况变得更糟糕，也许你根本不知道接下来要怎么做。这种焦虑也许和你想要帮他们解决问题的愿望不无关系。但有时候，倾听就足够了，这能鼓励他们去寻求帮助。解决他们的问题不是你的责任。这是我经常觉得愧疚的地方：我总会转向解决问题的模式，而不是倾听，忙着思考要做什么以改善情况，却可能忽视对方所说内容的关键元素。尽管这是好意，但它也许不是朋友或者家人在当时需要的。

永远不要低估倾听的力量。仅是倾听就非常重要了，如果我们在倾听的同时也温和地提出一点开放式的问题就更好了。这样的倾听被称为"积极倾听"，因为听者专注于说话人所说的内容，试着理解所说的内容，然后对此做出回应。这让对方能够只讨论让他们觉得舒服的内容，保持对这次对话的掌控感。回想一下我在前文中讨论的动机访谈技巧——其中的 OARS 技巧应该营造出有效的、能带来支持的以及积极的倾听（见第 171 页）。很多有自杀倾向的人会感觉无力，因此不意外的是，甚至是很小的掌控瞬间都能带来巨大的不同，甚至打下重新掌控人生的基础。

表现出同情心

在苏格兰，我们已经开发了痛苦简短干预（Distress Brief Intervention）。[7]这是一个针对身处困境者的多机构危机应对服务，由苏格兰政府牵头，囊括了国民保健制度、教育、社会和志愿服务领域的大量人员，包括我在格拉斯哥大学的同事杰克·梅尔森

（Jack Melson）和卡伦·韦瑟罗尔。痛苦简短干预能为处于危机中的人提供彼此联结的、充满同情的支持。在我看来，这是我们在和有自杀念头的人谈话时，每个人都应该尝试去做的。

我们在痛苦简短干预中对同理心的理解基于英国临床心理学家和作家保罗·吉尔伯特的研究，他是全球同情心及以同情心为中心治疗方式的权威之一。他认为，同情心不仅是简单地表示友好或关怀，[8]也应该是理解他人痛苦之源的勇气和应对这些源头的智慧。显然，在最开始的对话里，重点可能是表现出友好和关心。但无论如何，思考一下勇气和智慧这两个元素也是有帮助的。要给出一个充满同情心的回应，关键是要能够从身处痛苦中的人的视角来看待事情。做到这一点需要有共情能力，这是一种既能识别又能理解某人感受的能力。

我们也应该把这些原则应用在自己身上，因为自我同情对我们的健康也至关重要。在开始接受治疗前，我自我批评的程度相当严重，不太能接受自己的失败，所以耗费了太多时间惩罚自己。但是在随后几个月乃至几年的治疗中，我滋养出了自我同情所需的勇气和智慧，这对我的心理健康也大有裨益。你不需要听信我的一家之言，但正如我之前提到过的，我的同事塞奥娜德·克利尔查阅了研究文献，发现自我伤害和自杀想法在自我同情水平较高的人身上出现的概率更小。[9]所以下次当你有了自我批评的想法时，也许也可以想想当天你说过或者做过的某件好事。

建立信任和合作

在试图和有自杀倾向的人互动时，记住这一点很有用，即他们也许有过创伤，或者在生命早期阶段遭遇过逆境。正如我们在第七章里看到的，童年经历的创伤尤其有害，是一个公认的自杀风险因素。另外，这样的创伤或许也影响了他们成年后构建人际关系的能力。结果就是，他们不信任他人，不愿求助或者接受支持。这也许多少能解释他们为什么不参与临床治疗，以及为什么有自杀倾向的人经常被描述为最难接近的人群。我不喜欢"难接近"这个说法，因为它不准确，且有误导性。不是这些人难以接近，而是我们没能成功接近他们。在治疗方面，也常有长长的等候名单，以及其他的障碍，有自杀倾向的人经常感觉到这些服务没有回应他们的需求，或者他们对这些服务已经失望了。

意识到这些互动中的挑战，就有了对这些障碍不断增长的认知以及克服它们的策略。苏格兰是世界上最早制定相应知识和技巧的参考标准的地区之一，这些标准的制定是为了确保苏格兰的相关工作人员清楚创伤的影响，并具备适当应对的能力。由苏格兰国民保健制度的教育部门联合苏格兰政府以及有亲身经历的人联合开发的"转变心理创伤参考标准"（Transforming Psychological Trauma Framework），目的就是把理解创伤的实践手段推广到相关工作的所有领域中。[10] 在未来，它被寄希望能理解和满足在任何年龄阶段遭遇创伤的成人和儿童的需求。该参考标准的核心原则值得在这里再做强调，因为在和经历过创伤的人互动时，它们是有效的简短指导意见。实际上，我还会更进一步：它们应该成为同某个需要帮助或者救助的人进行对话的基础。这些原则可以用五个词来表示：

1. 合作　　2. 赋能　　3. 选择　　4. 信任　　5. 安全

　　正如我在第三部分中试图讲清楚的，对自杀危机最有效的干预都是通过合作进行的。当我们中的任何人在思考经历过创伤的人的需求时，同样的原则依然适用，无论我们是家庭中的成员，还是朋友或者专业医疗人员。在讨论潜在的困难话题时，好的做法通常是后退一步，试图从他们的视角看待情况。可以从询问他们需要什么开始，试着通过合作满足他们的需求；之后，帮他们厘清选项，让他们感觉自己被赋予了能量，并能够就自己所需做出决定。如果你是一名专业医疗人员，请为他们提供有关支持。当然其中也许存在限制，但举个例子，如果某人曾是虐待行为的受害者，那么提供治疗或者支持的人员性别选择也许是特别重要的一点。试着全程保持坦诚和清晰的思路来建立信任，最后还要确保隐私和保密。无须多言，建立信任的一部分会涉及沟通清楚保密的边界，如果一个人给自己或者他人带来了风险，保密也许将不得不终止。
　　当我在思考如何最好地询问有关自杀的问题时，最后一个浮现在脑中的词语就是：保持人性！

为有自杀倾向的人提供救助

我们都会有一种担忧：究竟要如何救助一个有自杀倾向或者可能正在自我伤害的家人、朋友或者同事？当然，这种救助的本质取决于你和那个人或者那个家庭的关系。在这一章里，我会从最佳做法里汲取经验，并据此强调一些需要注意的事项，同时也会提供指导，帮你在种种困难的情况中找到方向。在介绍如何救助朋友和同事之前，我会从介绍如何救助家庭成员开始。

当一个年轻人有自杀念头或者正在自我伤害时，为家庭提供支持

要救助一个家中有年轻人存在自杀念头或者正在自我伤害的家庭，第一步就是要理解他们正在经历什么。当然，这个你尝试提供帮助的家庭可能是你自己或是朋友的家庭。

一旦家中有年轻人产生了自杀念头，或正在自我伤害，其他家庭成员都会努力搞清楚发生了什么。那个身处危机中的年轻人的父母和其他家庭成员常常会感到挫败、羞耻、罪恶、震惊，以及愤怒。作为父母，我们最重要的任务是保证孩子的安全，让他们不受伤害，孩子会伤害自己的想法对我们大部分人来说是极其陌生的，但未成年人自我伤害的现状令人揪心。十六岁之前，每十个未成年人里就至少有一个进行过自我伤害，而这些未成年人中的五分之一是女生，且他们很可能在之前的十二个月内已经这样做过了。[1]有更多人甚至会表达出自杀念头，其中部分人会在自我伤害后入院接受治疗。性少数群体的未成年人出现自我伤害念头和行为的风险更高。[2]

家庭成员们体会到的羞耻和无助可能剧烈到让人恍惚，他们不知道能做什么或者找谁帮忙。几年前，牛津大学的安妮·费里（Anne Ferrey）和基斯·霍顿发表了一项基于访谈做出的研究，访谈对象是子女有过自我伤害行为的父母。[3]研究的发现让人感动，也强调了在这种困难时刻救助家庭成员的紧迫性。父母们聊到了

发现自家孩子在自我伤害那一刻受到的打击，其中有震惊、无法置信，也有对他们自己心理健康的持续冲击。有些父母报告说自己陷入了抑郁，在情感上筋疲力尽，变得无比警惕，过度保护。自我伤害对兄弟姐妹们的冲击也很大，有些父母表示其他孩子表现出了不平和愤怒，有的则对兄弟姐妹提供了救助；还有人报告称其他孩子感到自己要对兄弟姐妹的自我伤害负责，有些则会因为有一个自我伤害的兄弟姐妹而感到羞耻。总而言之，这些访谈强调了当孩子有自杀倾向或者在自我伤害时，对家庭造成的普遍且痛苦的冲击。

可想而知，这种冲击也会令家中所有既有的紧张关系或龃龉暴露出来，这进一步加剧了所有家庭成员的情感负担。因此在试着帮助一个有年轻成员在自我伤害或者有自杀倾向的家庭之前，这些情况是你需要记住的。如果你是处于该情况中的一个家长，重要的是要意识到你将体会到很多不同且往往矛盾的情绪。试着不要苛责自己，要利用好家人和朋友以及专业人员提供的救助。

从这些访谈中得出的另一个核心主题，是很多父母体会到的深深的孤独感，他们对社会救助的需要以及社会救助本身的价值。有些父母发现朋友们提供的非正式救助很有用，也有其他人感觉自己能从救助小组中获益。可惜据我所知，能供使用的救助小组很少。总体来说，这些研究发现和我自己这些年来会见的数不清的家庭（其中都有孩子在自我伤害或者企图自杀）的经验产生了共鸣。一旦他们克服了最初的震惊，他们的脑子里就会盘旋着数不清的、急需答案的问题：我怎么才能保证孩子的安全？我能找谁帮忙？我是怎么辜负了自家孩子的？其他人会怎么看我和我家？我要怎么在获取帮助的同时还保护好孩子的隐私？现实是，这些问题是没有简单答案的，这也反映出试图应对危机的家庭有着大量未得到满足的需求。这正是本章试图解决的部分核心议题。

当这些家庭试图应对诸如此类的困境时，就会有大量对立出现。几年前我刚结束一场关于未成年人自杀和自我伤害的公开演讲，正式的问答环节也结束了，在其他人都走了之后，有一对夫妇还在等着我。那天晚上我已经注意到了他们，因为那个父亲在我演讲到某个部分时变得情绪激动，而当我和他对上目光后，他点了点头，仿佛在说"我没事儿，挺好的"。所以我很开心这对夫妇留了下来，让我有机会问问他们的情况。

当时，他们正在经历这个父亲口中的"纯粹的噩梦"。他们十五岁的儿子阿伦从小学开始就因为交朋友的问题而备受困扰。他早早成了一匹"独狼"，自尊也跌到了谷底。阿伦一直认为，没人喜欢自己主要是因为自己和同龄人有点不一样。进入青春期后情况愈发糟糕，他还因为自己的性取向而苦苦挣扎。十三岁生日过后不久，他有过一段非常"黑暗"的时期，但他的父母认为，最近情况好多了。阿伦似乎很乐意一个人待着，又花了很多课余时间玩 PlayStation（游戏机）。这似乎和其他很多未成年人没什么不一样的，所以他们就没有想太多。但就在两个月前，阿伦的睡眠出现了严重问题，一天晚上，夫妻俩意外发现他因过量用药昏迷不醒，赶紧把他送进了医院。哪怕这一情况从医疗角度看来非常严重，但阿伦特别幸运，没有留下任何后遗症，两天后就出院了。但一家人都大为震惊。他的父母感到无地自容，感觉自己辜负了他，又害怕他再这么做。阿伦表示过量用药是一时冲动，他无法解释自己为什么会那么做，他只不过是"恍惚了"。和很多在安妮·费里的研究中接受访谈的父母一样，他们都身处震惊之中，感觉作为父母受到了侮辱，他们的儿子好像在通过伤害自己攻击他们。他当然不是在攻击父母，但他们无法抑制地对儿子感到愤怒和憎恨。这是在救助身处危机中的家庭时要关注的关键情绪反应，也是可以理解的情绪反应。

阿伦的父母不理解情况为何急转直下，他们为什么没能预见到那件事。仔细回想，他们在之前几周里就开始紧张，因为儿子那时有点不可捉摸且有攻击性，但他们从来没想过他会过量用药。他们把他的烦躁归咎于青春期的迷茫，是他在努力搞清楚自己的性取向以及自己的睡眠问题。他们来听我的演讲，是希望这能帮他们理解发生了什么。他们知道我没法给出具体的答案，但他们迫切地想要讲出自己的故事，想要知道自己还能做些什么来保护儿子的安全。我解释说自己不是医生，鼓励他们再去看看儿子的全科医生，确保安全计划到位。他们感到无助，并对国民保健制度感到失望。尽管阿伦过量用药，但他拒绝承认自己有任何自杀企图，因此没有被评估为高风险个体。这家人被告知，在获得治疗前有很长的等候名单。在他们眼中，正当儿子需要国民保健制度编织的安全网时，这张网刚好就破了，让他和他的家庭孤立无援，陷入困境。我希望这本书能帮到正在经历类似情况的父母们，为他们努力保证自家孩子的安全和健康提供一些希望和建议。

让人痛心的是，这家人的经历并不少见，在英国及很多国家，儿童和青少年接受心理健康相关治疗的等候名单都长得令人难以接受。这不是一线人员的错，根据我的经验，他们是一群具有献身精神的人，和我一样为治疗的受阻、延迟而沮丧不已。阿伦一家在茫茫苦海中迷失，不确定要做什么才能最好地保护和救助自家孩子的经历，像镜子一样映照着数不清的其他人的情况。我们需要做更多的工作以及时把年轻人和他们的家庭所需要的救助送给他们。永远记住，如果你担心一个年轻人面临着即时的自杀风险，请不要犹豫，联系急救服务。

我们也需要考虑管理学校里自我伤害及自杀行为的风险。尽管面临挑战，由瑞典卡罗林斯卡医学院的达努塔·瓦塞尔曼（Danuta Wasserman）负责的、一项欧洲范围内的大型研究发现，一个名叫青年认知心理健康（Youth Aware of Mental Health，YAM）的项目可以有效降低未成年人的自杀企图和自杀想法。[4]这是一个同伴救助项目，鼓励参与其中的年轻人谈论自己的心理健康，并讨论对他们来说重要的议题。哪怕不可能百分之百地落地这个项目，学校也应该勇于坚持该项目的原则，鼓励为年轻人提供安全空间，让他们可以进行角色扮演，讨论自己的心理健康和幸福。

在过去几年里，已经有了一些绝佳的线上资源来帮助父母们

和监护人们应对儿童的自我伤害。举个例子，基于对一些家庭的
访谈，安妮·费里和基斯·霍顿推出了一个线上资源，名叫"应对
自我伤害：给父母和监护人的指导"。'它从解释什么是自我伤害以
及自我伤害的原因切入，强调了早期介入应对自我伤害的重要性。
在后文中，我会从他们的资源里汲取信息，来介绍父母和监护人
们能用来应对自我伤害的实践做法。

沟通，沟通，沟通！

良好的沟通是救助孩子的起点，也是中点和终点。沟通在应
对自我伤害上有着绝对的重要性。但有时候难以做到有效沟通，
尤其当你身处震惊之中，当你生孩子的气，或者他们生你气的时
候。正如我们在上面看到的，阿伦的父母非常矛盾——他们爱他，
但也感到愤怒和恐惧。所以能做些什么来让沟通更有效率呢？"应
对自我伤害"提供了一些有用的贴士，我会在接下来的几段里总
结这些提示和自己的一些思考。但是，为了认识到应对孩子的自
我伤害时所面临的挑战，我故意把很多贴士描述成了你应该尝试
的事情。这指出了应对自我伤害是困难的，所以当你不可避免地
变得不耐烦、害怕或者沮丧时，试着不要自我批评。要知道你这
样的反应是可以理解的。

尝试开启一次对话，但要温柔地提起话题，如果孩子愿意对
话，就慢慢地提到自我伤害的事。为了减少紧张，也许可以安排

另外一项活动，比如散个步或者开车兜风，然后再开始对话。阿伦的父母住在海边，在他过量用药之后的几天，三个人去了沙滩上散步，聊了聊发生的事情。年轻人一开始也许会试着否认自我伤害，或者他们不知道能说些什么，很可能会涌现出大量的情绪，他们也许会感到羞耻、尴尬、愤怒。如果他们确实否认了自己进行过自我伤害，那也没问题，可以稍后再试试。但当你在询问一个困难的问题时，永远要给他们一条出路。如果他们感觉被逼到了墙角，你也不可能走太远，这反而会引来孩子的憎恨，也可能增加他们被困住的感觉。尽一切可能，让他们有机会试着解释，并明确表示你会倾听他们。试着不要持批判的态度，告诉他们你爱他们，而且会永远爱他们。无论他们说了什么，告诉他们自我伤害这件事不会改变你对他们的爱。

如果他们不想和你说话，试着不要因此而感到被冒犯。暗示他们也许可以和别的人聊聊——比如全科医生或其他专业人士。也请考虑到他们也许不愿意面对面沟通，但他们也许会同意用短信、聊天软件（WhatsApp）或者邮件沟通。在问他们为什么自我伤害时，试着以"你身上发生了什么？"这样的形式来问，避免负面说法，比如"你有什么问题"？

你的孩子也许正在经历挣扎，试图理解为什么他们会有那样的感觉，尤其当他们处在迷茫的青春期，试着想清楚自己是谁的时候。他们也许在"尝试"不同的身份。你要尽最大可能，试着传递给孩子认可、共情和同情。能认可他们的感觉太重要了，哪怕你不明白他们为什么会有这种感觉，但这就是年轻人的现实。试着不要弱化他们的感觉。你应该告诉他们，你理解他们的感受，对他们的遭遇表示出关怀，并表示自己想要帮助他们减轻痛苦，以此来展示你对他们的共情。甚至当他们在你看来没问题的时候，他们显然也充满了内心的挣扎。请一直记住他们是自己感觉的专家——有些父母发现这一点难以接受，认为自己才懂得最多。

一旦建立了沟通，就试着帮他们确定自我伤害的诱发因素。意志帮助表（见第 125 页）或者安全计划（见第 167 页）——如果有的话——也许有用，同时也要思考下一次他们遇到这些诱发因素时要如何应对。就像我建议的安全计划一样，试着合作思考出自我伤害的潜在替代做法。

明确应对策略

试着不要以孩子的自我伤害行为来定义他们。提醒他们自己所拥有的力量，让他们知道自己没有失败，以及他们的困境终会过去。对年轻人来说，要让目光超越当前遭遇的危机尤其困难。要让他们放心，未来事情会变好，即使他们现在不知道有什么能帮助自己，也可以继续努力，也许询问自己的全科医生能得到帮助。

让所思所想超越当下的自我伤害阶段，试着想点什么作为替代。帮你的孩子想想其他应对感觉和情绪的方法。这些替代方式可以是分散注意力，比如看一场电影或者听听音乐，或者可以是做一些让人放松下来的事情，比如泡个澡、画画，或者做其他有创造性的事情。思考释放情绪的不同方式也是有帮助的。对一个年轻人有效的事情也许对其他人没有效果：比如握住一个冰块，直到它融化，或者轻弹绕在手腕上的皮筋也许能有一些放松的效果。对有些年轻人来说，运动或者锻炼，用笔在皮肤上画画，或者击打类似枕头一类的柔软物品是有效的释放压力的行为。

向谁倾诉？

搞清楚能向谁倾诉是件复杂的事。重要的是，要考虑到他们的反应。他们会被吓到吗？他们能不能理解？这些决定永远都要在对隐私的需求和对救助的需求之间保持良好的平衡。同理，也要和你的孩子说清楚，你是否要告诉其他的家庭成员，比如他的兄弟姐妹。再强调一次，没有正确或错误的答案，而是要想清楚守护秘密和告诉他人之间的好处和坏处。其他兄弟姐妹或许也需要救助来管理自己的情绪，因为哪怕他们还不知道自我伤害的事，却已经感觉到了情况有点不对劲。

可以倾诉的对象也许还包括网络世界。年轻人也许已经在网上分享过自己的经历，或者正在考虑这么做。澳大利亚墨尔本青年心理健康中心的乔·鲁滨逊（Jo Robinson）和同事们与青年网络（youth networks）联合开发了"# 安全聊天"（#chatsafe）这份非常实用的指南，帮助年轻人在网上安全地沟通自杀和自我伤害的问题。[6]这些资源已经被调整来适应不同的国家了，根据网上的帖子提供了实用的工具和救助。具体来说，当一个年轻人想要在网上分享自己的想法和感觉时，"#安全聊天"描述了需要思考的事情：包括帖子可能会走红，还有一旦帖子发布可能就难以删除的提醒，同时也有在帖子发布后监控其情况的有用贴士，还提供了一些与自我关怀有关的实用技巧。"#安全聊天"还就在年轻人死于自杀这一悲剧性事件后设立悼念网站的事宜，给出了指导意见。

照顾自己

正如安妮·费里和基斯·霍顿的研究所展示的，自杀危机对父母和照护者的情绪冲击相当大。所以这个部分的最后一个建议是：如果你是一个家长或者照护者，请尽量记住要照顾好自己的健康。这很难做到，但它非常重要。给自己留点时间：如果不照顾好自己的需求，你就无法照顾好孩子的需求。

救助一名有自杀倾向的朋友或者同事

我曾有两位朋友和同事死于自杀，所以我不知道自己是不是谈论这个话题的最佳人选。不过，自从朋友克莱尔去世后，我花了大量时间回忆此事。克莱尔曾多次和我讨论过她的自杀念头，我们最后一次谈及她正经历的痛苦的深度对话还历历在目。她的确感觉自己被困住，并在精神上筋疲力尽了。那次对话以眼泪和大大的拥抱结束，我当时还在蹒跚学步的女儿打断了我们，在克莱尔身上爬上爬下。她们喜欢彼此，而且因为克莱尔早上常常很难起床，所以她来拜访我们的时候，她会和我女儿一起早起，而我们其他人继续睡觉。对她们两人来说，这都是一种特别的联结。

　　最后那次和精神痛苦有关的讨论发生在克莱尔死前的几个月，我经常在想，自己是不是本可以做得更好。我当然无法改变过去，但我一直觉得自己不够直接。尽管我们讨论了她的无助感，但在我的记忆里，我们从来没有讨论过她是否会把念头付诸行动。我绞尽脑汁，想找出我们没讨论这个话题的原因：是因为我认为她不可能把想法付诸行动，所以才没问吗？或者只是因为我太害怕她给出肯定的回答？再或者是不是克莱尔不想往那个方向上聊，而我隐隐约约地察觉到了这一点呢？老实说，我真不知道自己为什么没问，而这成了我一生的遗憾。假如重来一遍，我就能更严肃地对待她的精神痛苦，但时光不能倒流。所以我的建议是，在救助某个表达了自杀念头的人时，永远要直接问他们："你想过把自杀念头付诸行动吗？"如果答案是肯定的，那就和他们一起探索如何寻求帮助，并制订安全计划。如果你担心他们的安全，那就敦促他们和专业人员联系。如果他们不情愿，那就问问你是不是可以替他们做这些事。但最后，如果他们还是不同意，而你又认为他们面临着迫在眉睫的自杀风险，你可能不得不联系急救服务。

　　看出某个人是否有自杀倾向很难，因为很多人会试着隐瞒自己的感受，表现得若无其事，但请多留意那些意味着他们正苦苦挣扎的警告标志。警告标志也许包括了被困感或无助感，还有烦躁不安，做出了有风险的行为，诉说孤独，以及认为自己是他人的负担。孤独感和自杀本身之间的关系尚无任何定论，我们找不到任何长期调查过这两者之间的关系的研究。但我的同事希瑟·麦克莱兰（Heather McClelland）在我们进行的一项综述研究中针对孤独感的问题进行了阐述，研究的结果非常明确[7]：随着时间的推移，孤独感预示了自杀念头和行为，而这种关联很可能是由于孤独之人的抑郁情绪加重所致。

　　如果你回头看看动机－意志综合模型（见第 90 页），就会找到更多的潜在警告标志。毫无疑问，如果一个朋友或者同事说自己有自杀倾向，那我们一定要严肃认真地对待。正如我在本书开头说过的，约 40% 死于自杀的人会在死前对别人说起自己有自杀倾向。告诉别人自己有自杀倾向是一件好事，这表示他们在寻求帮助。这同时也是一个勇敢的行为，因为他们也许一直以来都不情愿展露自己的感受。他们也许会因为不知道你会就此如何反应而感到焦虑。所以，如果一个朋友或者同事的确表明了自己有自杀倾向，尽量不要妄加评判，也不要表现出震惊、诧异或者怀疑，而要表现出同情和共情，否则，他们可能会在情感上再度将自己封闭起来。

13

渡过身边人自杀后的难关

被自杀夺走所爱之人的冲击是巨大的。正如我在第一部分一开头写到的，最多可能有 135 个人认识那个去世的人。该类研究中最大规模的一个，是英国自杀丧亲协会的莎伦·麦克唐奈（Sharon McDonnell）针对英国超过 7150 个因自杀而失去了所爱之人的人进行的调查。[1] 她询问了他们自杀带来的冲击，以及他们是如何获得救助服务的。2020 年，研究结果发表在一份题为《从悲伤到希望：自杀丧亲之人及受其影响的人集体发声》的报告中。五分之四的受访者表示，自杀死亡事件对他们的生活造成了巨大或者中度的冲击。超过三分之一的人报告出现了心理健康问题，38%的人想过结束自己的生命。很长一段时间以来，因自杀而失去了所爱的人的声音没有被听到，他们也没能得到足够的救助。谢天谢地这一情况正在改善，但依然有很长的路要走。

2017 年，英国电台及电视主持人佐伊·鲍尔的伴侣比利自杀身亡。我在国家级的媒体上看到她失去伴侣的消息。她悲痛欲绝，和很多因为自杀而失去爱人的人一样，她纠结于自己为什么没法拯救爱人。随着时间流逝，她说服了自己必须接受自己做什么都无法拯救他这个事实。她其实有点欣慰地意识到比利的痛苦已经结束了。不过，因为这次损失，她开始了一场艰苦的、总长为 350 英里的"体育救助"（Sport Relief）——自行车骑行筹款活动，以提升人们对心理健康的认知，也提醒人们认识到男性自杀的规模，以及处在情绪困扰中的男性的广泛需求未得到满足这一事实。她的这一行动为英国的心理健康组织筹集到了超过一百万英镑的资金。

在 2019 年"世界预防自杀日"这一天，苏格兰体育节目主持人埃米·艾恩斯在失去自杀的伴侣韦恩九个月后，聊起了自己在对抗自身心理健康问题时所经历的那种无法忍受的、骇人的痛苦。当时她在推特上的推文上非常有力地强调了自身的痛苦，同时也敦促人们伸出援手，结尾处还传达了一条充满希望的信息：[2]

> 韦恩的自杀让我开始质疑自己的生命。如果我要在世界预防自杀日上说点什么，那我会说，请对人们倾诉，不要感到羞耻，也不要隐藏你的感受，你不是独自一人。最重要的是，请为了更好的日子坚持下去，我很高兴我做到了。

　　她的推文本身就是一次简短干预，具有我在第 164 页描述的关怀信的某些特征，通过表示情况会好转而给人带去希望。她推文下绵延不断的评论就是最好的证明。

　　几个月后，我又在 BBC 苏格兰广播电台里听到了埃米的声音，但这次她谈论的却是网络暴力。她成为一个恶意的匿名 Instagram 账号的受害者，账号的作者发信息问她："你男朋友自杀是不是你的错？"这个行为极其卑鄙，但她对此几乎束手无策。尽管大部分因自杀失去了所爱之人的人都不是公众人物，但这则私信凸显了一个更广泛的议题。我已经记不清有多少次耳闻目睹那些失去爱人的丈夫、妻子、伴侣或者其他家庭成员因为怪罪自己，而将无法忍受的痛苦公之于众。所以，我们很容易就能意识到这样恶心的信息会让人非常不知所措，因为对很多丧亲的人来说，他们本就已经在责怪自己了。我在本书前面的部分讨论过这个话题：这会让他们业已感受到的痛苦被进一步放大。

　　看看这个名叫安迪的年轻人吧，她的故事展示了太多因自杀丧亲的人感受到的愧疚和自责，尤其是在爱人去世后的最初几天。安迪和麦克都年近三十岁，已经认识好几年了。在麦克毫无征兆地离世前，他们恋爱了九个月，同居了大概四个月。他俩从青春期后期开始都有相当漫长的健康问题史。正如有一天下午安迪在电话里告诉我的，他们曾开玩笑说，更有可能自杀的是安迪，而绝对不会是麦克。二十岁出头的时候，安迪手腕上几乎永远裹着绷带，原因是重复的自我伤害。相反，尽管麦克从十八岁时开始因为注意缺陷多动障碍（ADHD）和焦虑症开始服药，但据安迪所知，麦克从来没有进行过自我伤害或者企图自杀。在去世之前，麦克一直在和自己的过去努力搏斗。在福利系统中长大的他最近联系上了自己的生母。这次重逢给麦克带来了严重的不安，而且似乎与他开始酗酒的时间相吻合。安迪喝酒不多，所以麦克酗酒这件事引起了不少争执。就安迪所知，麦克似乎对这个世界很生气，仿佛他与生母的相见释放出了生命中蛰伏了多年的隐痛。安迪最后一次看到麦克时，他们大吵了一架，麦克哭着夺门而出。这样的情况之前就发生过，所以安迪没有过于担心。她上床睡觉去了，期待着第二天早上醒来时麦克会躺在自己身边。

但麦克再也没有回来。第二天，安迪向警方报告了失踪，又过了三天才在离他们住处不远的一个垃圾场找到麦克的尸体。当我和安迪聊天时，麦克的第一个忌日就要到了。安迪告诉我现在她感觉好的日子比感觉糟糕的日子多得多了，她把这看作一个大的进步。但当糟糕的日子来临时，它们仍然如同麦克刚刚去世时那么恐怖。她的思绪仍然总被引回到最后的那次争吵上，回到那些痛苦的"为什么"上。为什么那个晚上她要吵架，而不是闭上嘴呢？为什么她没有对麦克的需求更加敏感呢？为什么她没有在麦克离开公寓后给他打电话呢？当然，在感觉好的日子里，安迪对这些问题有不同的答案："两个人才吵得起来，这不是一个人的错。她对麦克经历的一切都表现出了极大的理解和同情，但这还不够。麦克应该给她打电话的，为什么他们吵过架后都是她第一个服软呢？"

这些问题是我们所有人在亲密关系中都要努力解决的，但谢天谢地，对我们大部分人来说，我们不需要在爱人结束自己的生命后重新审视这些问题的答案。当安迪感到自己身处至暗时刻，总被其他人因麦克之死责怪她的想法笼罩。这一点难以承受，她觉得自己多少就是罪魁祸首。她确信自己听到麦克的几个同事说，她应该对麦克的自杀负责。但当我们进一步讨论这个问题的时候，又似乎没有任何证据表明他们说过那些话。

在失去麦克的前六个月里，安迪不想和除自己家人以外的任何人聊自己的丧亲之痛，更别说"把自己暴露给一个怀着好意的救助小组"了。尽管不情愿，但在全科医生的建议和几个朋友的敦促下，她开始参加自杀丧亲幸存者小组（Survivors of Bereavement by Suicide，SOBS），她发现这对自己非常有帮助。自杀丧亲幸存者小组是英国一个全国性的组织，为所有因自杀而失去所爱的十八岁以上的人提供救助。自杀丧亲幸存者小组帮助安迪和自己的愧疚和解，接受自己不应该对麦克的死负责这一事实。同时，也帮她解决了曾经如此强烈的孤独感和羞耻感，如今她成了其中的强力倡导者。

我认识的很多人都认为这类组织有帮助。对我来说，重要的是因为自杀而失去了所爱之人的人应该有选择，这样的救助应该对所有有需要的人开放。不幸的是，情况并非如此。丧亲救助通常由慈善组织提供，而后者大部分是依靠筹款来维系的，经常无法满足全部需求。专门的自杀丧亲救助不能在全国范围内推行，这是一种耻辱。事实上，英国自杀丧亲报告中的两项建议就与此有关。第一项建议号召推行自杀丧亲救助服务的国家最低标准，另一项建议则呼吁为那些因自杀丧亲的人建立全国性的线上资源。

救助因自杀而痛失所爱的人

所爱者自杀之后，身边每个人经历的伤痛都是独一无二的，但有些念头、感觉和情绪，比如内疚、愤怒和无助则是共通的。有很多很棒的书，通常是由经历了自杀丧亲的人写的，或者有这类人的参与。[3]但一个失去了妻子的丈夫最近告诉我，这些关于自杀丧亲的书都挺好，但在刚失去亲人的日子里，他根本无法集中注意力去阅读。所以，他通常依靠网络搜索，也经常掉进自助网站的虚拟兔子洞中。但有一天他挖到了金矿，点开了一个由牛津大学的基斯·霍顿开发的名叫"身边援手"（Help at Hand）的线上资源。[4]这个绝佳的线上资源受到了英格兰公共卫生部门（Public Health England）和英国国家自杀预防联盟（the UK National Suicide Prevention Alliance）的资助。这个资源明白易懂，不会让人不知所措，不仅提供了和丧亲者感受有关的信息，就如何倾诉以及向谁倾诉有关死亡的话题提供了实际的建议，还为帮助那些和逝者有着不同联系的人提供了具体建议。

这个资源还包括了一个很有挑战性的部分：如果孩子的父

亲、母亲或某个亲近之人自杀身亡，要如何告诉孩子。一种自然的反应是要保护孩子，不让他们得知真相。当然，这取决于孩子的年龄和他们的理解水平，这个决定显然落在了父母或者照护人身上，但通常来说最好还是告知他们真相。这么做避免了他们通过别的方法意外得知真相的风险，也让他们有机会提出问题，让他们信任的成年人安慰他们。他们可能会体验到各种各样的感受和情绪——从被抛弃，到内疚，再到震惊或者难以置信。你也许不得不决定是否让孩子瞻仰遗容，或者参加丧礼。再强调一次，这些困难的决定都取决于孩子的年龄和理解能力。如果可能的话，让孩子自己选择一直都是很好的做法。就我个人而言，当克莱尔去世时，我决定不带小女儿去参加丧礼。我对这个决定感到很后悔。之后我和女儿讨论这件事时，她希望自己当初参加了丧礼，因为在她看来，事情变成了克莱尔某一天还活着，然后自己就再也没有见过她了。我女儿对这样的经历感到困惑，同时也对失去克莱尔感到悲伤——她的经历还没有结尾。

如果你确实认为孩子太年幼而不应该被告知真相，那也可以等到他们年长一点的某个时间，再温柔地向他们解释发生了什么，以及为什么你当初告诉他们的是一个不同的故事。关于这点也有很多很棒的书，比如《红色巧克力大象》（*Red Chocolate Elephants: For children bereaved by suicide*）这本书就能帮父母或者其他成年人同孩子们进行这样的敏感对话。[5] 提供自杀丧亲咨询服务的专家、组织或者全科医生应该也可以为你指路。如果失去了一个兄弟姐妹，除了已经提到过的反应，孩子们也许会有悬而未决的问题，尤其是他们和那个去世的兄弟姐妹关系不好的话。这也许需要更加小心地提供救助，以帮助孩子们解决这些状况。

照顾逝者的朋友和同事也很重要，因为他们可能会感觉被忽视了，或者他们会觉得自己没有资格哀悼。哪怕已经和逝者一同经历过人生，他们也许仍因为和逝者没有血缘关系而感觉被排除在外，常常感到被剥夺了权利，或者有隐藏的悲伤，同时还有社交孤立以及被相关服务忽视的感觉。他们也许陷入了崩溃，感到悲伤，同时也挣扎着想要理解发生了什么，毕竟他们也失去了生命中很重要的人。在他们需要时为他们提供救助也很重要。这一点在英国自杀丧亲的调查中得到了强调。

朋友去世带来的冲击是我在克莱尔去世后一直在思考的问题。幸运的是，在她去世后，我能够立刻飞去巴黎救助她的丈夫戴夫，并在随后的一周里和她的家人们在一起，试着搞清楚法国的官僚程序，再把她的遗体送回国内。我希望自己在那一周里给戴夫、克莱尔的兄弟和她的姐夫提供了救助，但其实，那样做对我自己也至关重要。我从和他们在巴黎共度的时间里得到了太多太多的安慰。在那五天里，在号啕大哭和难以置信的间隙，我们分享着记忆，怀念着克莱尔的生命，同时也哀悼她的离去。即使那一周的大部分时光如今回想起来已经模糊，但我依然清楚地记得最后一天清早，我们前往殡仪馆，送克莱尔的遗体踏上了最后的归家之路。

　　我非常幸运能在克莱尔的后事中帮上忙，但很多其他因自杀丧亲的朋友则讲述了不同的经历。在一次自杀丧亲者会议上，因自杀失去了大学好友李的琳达告诉我，她至今还在生李的家人的气，她感觉他们把她排除在了丧礼安排之外。她一方面理解由家人们来安排丧礼是应该的事，但她是李最好的朋友啊！除此之外，李和家人的关系很不好，是她在大学阶段安慰了脆弱挣扎的李。甚至两年后，我再次和琳达谈话时，她还在为李的离去而悲伤，并坚信李去世后发生的事情伤害了她。无论琳达的经历具体细节如何，更广泛的意义在于，我们应该关注同逝者有着不同联结的人。无论他们和逝者的关系如何，他们都要被考虑到，也需要支持。

　　回到"身边援手"的指导意见上，我在下方总结了其中的一些关键信息，为人们提供支持，同时还有我在同自杀丧亲的人的交谈中得到的一些思考。如果你认识的某个人因自杀而痛失所爱，那么下面的每一条都值得记住：

· 我们都是独一无二的，因此每个人的悲伤经历也是独一无二的。

· 走出丧亲之痛是没有确定路径的。

· 尽量不要告诉某人他应该做何感受。如果是你失去了所爱之人，试着对这么做的人保持耐心，因为他们是出于好意。

- 自杀丧亲的痛苦也能被那些看似和死者关系疏远的人真切地感受到（比如朋友和同事）。
- 悲伤的感觉可能会让人不知所措，但悲伤中也会夹杂平静的时刻。
- 在死亡发生后的几周甚至是几个月里，会很难预料情绪波动的强度。唯一能预测的事情是悲伤的不可预测。
- 感受也许会涵盖愤怒、震惊、内疚、羞耻、拒绝、恐惧、孤独、被困和耻辱。
- 悲伤可能会对某些人产生生理上的影响，也许会导致心悸、眩晕和头痛等症状。
- 心理健康也许会受到影响，报告显示，自杀丧亲的人们会有抑郁、焦虑、创伤后应激障碍和自杀念头。
- 在感受到的痛苦中，有人表示获得了一种接受感，因为所爱之人不再痛苦了，是他们做出了结束生命的选择。

　　以下是一些有帮助的具体做法。麦克发现，谈论自己的想法和感觉是有益的。当然，每个人都应以自己的节奏找到出路。麦克一开始是对好友和家人们倾诉，然后他寻求了自杀丧亲幸存者小组的支持。与参加支持小组相比，看擅长疗愈丧亲伤痛的咨询师或者心理医生也许更适合某些人的需求，也有人发现花时间记住自己所爱的人是有帮助的。有很多不同的做法，包括写日记、做一个装满记忆的盒子，或者去有特殊意义的地方。另一些人则试着保持活跃，参加自我关怀的活动。如果要说无益的做法，封闭情感、喝更多酒和不寻求帮助也许是"最应避免的行为"前三名。

陪伴是帮助失去所爱的人的关键，要让他们清楚地知道，只要他们想倾诉，你就在他们身边。试着不要去评判，而是保持共情和同情。正如上文提到的，尽量不要告诉他们应该有何感觉，因为每个人的悲伤经历都是独一无二的。鼓励他们试着接受每一天。就陪伴而言，也许他们只是需要一个回音板来回应他们，或者一个分享记忆的空间。类似纪念日和节假日的特殊日子可能会特别难熬，他们也许会发现在这样的日子里情绪尤其紧张或者心累，所以照顾好自己也很重要。如果失去了所爱之人的人是需要重返工作的同事，也许提前和他聊聊是很有帮助的，问问他需要你做点什么。再强调一次，指导原则是尊重他们的愿望。有的人也许想要其他同事知道这件事，并感激他人对此表示了哀悼；相反，也有人希望自己的隐私得到尊重。

尽管每年都有数百万人因自杀事件成为新的丧亲之人，但是，关于如何最有效地救助他们的相关研究，证据其实仍非常缺乏。除此之外，很多身后干预*的研究质量依然不佳，数量也很少。2019 年，墨尔本大学的卡尔·安德里森（Karl Andriessen）和同事们发表了一项对自杀丧亲之人的干预的综述研究，其中涉及与悲伤、心理健康和自杀相关的内容。[6] 在为期三十五年的时间里，他们只能找到 11 个符

---

*　身后干预（postvention）是指为了自杀丧亲的人提供救助而进行的干预。

合综述要求的研究。令人沮丧的是，研究结果是混乱的。针对自杀导致的悲伤，虽然一般干预措施的效果得到了一些证实，但复杂干预措施的效果却很弱。这些干预通常大不相同，很难研究出哪些是有效的。有些干预是小组形式的，有些干预则是精神治疗式的，而治疗的次数从一次到十六次都有。但有一个正向的结论：持支持态度、具有治疗性质和教育性质的干预方法似乎是最有效果的。研究者们还强调了由受过训练的人员进行干预的重要性，认为使用干预指导手册可能也是有益处的。

尽管这份综述受到了欢迎，但它提出的问题要比给出的答案多。举个例子，尚不明确在临床环境中进行干预好还是在家庭环境中进行干预好，或者这些干预是否对所有年龄阶段、不同文化背景以及高中低收入国家的人都有效果。考虑到我们清楚自杀丧亲的人的自杀风险也会增加，我期待这个领域的研究能够获得它迫切需要的资助。[7]

来访者或患者自杀的专业人士

如果你是一名心理健康专业人员，你会意识到因自杀失去患者或来访者带来的冲击。这是我们最近在研究文献的一项综述研究中所探讨的方向。在我的同事、资深精神治疗师戴维·桑福德（David Sandford）的带领下，我们选定了54项报告了患者自杀对心理健康专业人员造成影响的案例进行研究。[8] 与对家人和朋友的影响类似，在这些以访谈为基础的研究中，医生们最常见的反应是内疚、震惊、悲伤、愤怒和自责。有的人也会质问自己为什么没能预见死亡。影响不仅局限在个人反应上，这样的经历也导致了他们职业上的自我怀疑。有些心理健康专业人员报告说，他们采用了一种更小心和更有防御性的方法来管理自杀风险。在一项研究中，多达一半的临床医生表示，患者自杀给他们造成了巨大的创伤，他们在临床上感到了极大的痛苦。所有这些研究得出的一致结论是：针对自杀影响进行更多培训是必需的，非正式的救助常常是有益处的。

作为研究项目的一部分，戴夫也对心理健康专业人员进行了深度访谈，倾听有关患者死亡带来的冲击的第一手信息。[9] 以一位有着六年经验的认知行为治疗师苏珊为例，她强调了发现自己最近临床治疗过的患者自杀后她受到的震惊和创伤：

> 我大感震惊，随后就哭了起来……如同你经历过的任何一次创伤，就好像是昨天刚发生的。我准确地记得我获知消息的那天……确实让我觉得自己有责任，哪怕我知道自己没有责任，但我的确会感觉自己像是在接受评判。

再看看伊莎贝尔。她的一位患者自杀身亡后，已经作为心理健康专业人员工作了三年的她也大感震惊：

真的让人震惊，我发现这非常难受，比我所预想的
要难受得多……我记得感觉到了一阵阵颤抖，我感觉自
己生病了。

她感受到的那种责任感也是显而易见的：

……这是我的病例，他是我的患者，我认为……我
要对这个年轻人负责……我的确因为这个年轻人而感到
了强烈的责任感。我对他母亲感到如此抱歉，显然也为
他还那么年轻而抱歉。上帝啊，太恐怖了，他们会让我
负责的，会把我撕成碎片的。

尽管只有女性的心理健康专业人员参加了戴夫的研究，但我
从同男性从业者的聊天中，以及我们综述研究的发现中得知，他们
也遭遇了同样的经历。记住自杀原因是复杂的，这一点非常重要，
因此某人死亡的责任永远不应该落到单一的个体身上。自我关怀，
以及对因自杀失去了患者的心理健康专业人员提供救助是非常重要
的。牛津大学自杀研究中心为心理医生们开发了一个资源，它适用
于所有患者或来访者自杀身亡的心理健康专业人员。该资源重点介
绍了一系列可能有用的策略，建议心理健康专业人员在患者或来访
者死亡后的短期内要和周围的人保持联系。[10] 这理论上能帮助他们
降低变得孤立的风险，让他们有机会从信任的人那里获得救助。其

他的策略包括提醒从业人员要自我同情，不要过度自我批评或责怪自己。策略也强调了关注自身情绪和生理健康的重要性，以及寻求正式和非正式帮助的价值。它还建议心理健康专业人员应该考虑暂时调整自己的工作模式，在他们有需要的时候，后面这个做法也许能帮他们从死亡带来的震惊和创伤中恢复。令人悲伤的现实是，大部分心理健康专业人员在其职业生涯中，都很可能会在某个阶段经历患者自杀的事件。尽管每个心理健康专业人员的反应不尽相同，但如果他们不照料好自己的健康，那他们就无法帮助到那些最脆弱的人。

应对自杀后的事宜不仅局限在心理健康治疗的场景中，这些原则和关注点也适用于在健康、司法鉴定、社会福利和教育领域工作的专业人员。一名教师、一名社工或者一名狱警，不会比一名心理健康医生所遭遇的痛苦更轻。我们需要确保，任何一个经历了患者、来访者、学生或者囚犯自杀事件的人，都能得到必要的同情和支持。

后记

　　在本书中，我试图提炼出迄今为止自己在预防自杀研究方面获得的个人经验和专业经验。回顾过去十二个月的写作过程，我一再将个人的治疗经历拿来进行类比。在计划写这本书的初期，我不知该如何表达。我感到沮丧，努力搜寻着自己的声音。这种感觉让我想起了每周一天早上八点到治疗师办公室的那段日子。当我登上格拉斯哥那栋气势恢宏的维多利亚式联排别墅的楼梯时，我会变得相当紧张。我反复问自己："接下来的五十分钟里，我要谈些什么？"所以我很快就学会了给自己写剧本，这样我一进治疗室就能准备就绪，觉得自己不会被问倒，也能与沉默保持距离。显然，这是一种自我设限的策略，但在当时，这是让我感到安全的方法，也是我对自己愿意说出的内容保持控制感的方法。

　　我花了好几周的时间才放弃了心理剧本的保护，给自己以空间好让事情涌现出来。但做到这一点后，我得以更好地处理导致我不满的原因，并试着找到空虚感的核心。这个过程与我写这本书的过程非常相似。起初，我疯狂地想把文字写在纸上，却没有时间喘息，好让重要的东西浮出水面。后来，我会专注于一些有关预防自杀的关键事实，因为这对我来说是安全领域。随着一天变成几周，几周变成几个月，我变得更加自信了。有了这种自由，我的写作也获得了突破。

每晚我都会坐在电脑前，只准备几句概述，然后静观其变。我时常会想起过去遇到的有自杀倾向或经历了丧亲之痛的人，这有助于我讲述自杀念头为何或如何在一些人身上发生，而在另一些人身上却没有出现。或者，某段记忆会让我觉得很贴切，让我传达出我们需要做些什么来防止不必要的生命损失，或者如何更好地支持那些留在世间的人。我希望，通过将这些个人回忆与研究证据相结合，我能够展示出那些有自杀倾向的人在至暗时刻所经历的痛苦。自杀不是一种自私的行为，对大多数人来说，自杀是绝望的终极行为。

我还试图消除围绕自杀的许多错误观念，说明从自杀念头到自杀行为的复杂路径，以及如何有效地预防自杀行为。在此过程中，我试图为自杀者带来希望，也为失去亲人的人带来希望。虽然我们永远无法让失去的亲人重新回到身边，但我们可以更好地帮助那些留下的人，而且，如果我们共同努力，我们可以挽救更多的生命。我最终的希望是，作为一个共同体，如果我们对自己和周围的人都更富有同情心，那么我们就能在一定程度上保护所有人免受自杀的摧残。

致谢

　　如果没有这么多家人、朋友和同事的支持、鼓励、建议和启发，本书是不可能完成的。

　　我尤其要感谢安迪·登霍尔姆、罗南·奥卡罗尔、达里尔·奥康纳、苏西·奥康纳、简·皮尔基斯、亚历山德拉·皮特曼、史蒂夫·普拉特和凯蒂·罗伯，他们在写作的不同阶段阅读了本书的部分内容，给了我宝贵的建设性意见，或为我核对了事实。无须多言，任何不准确之处都是我的责任。感谢塞奥娜德·克利尔和卡伦·韦瑟罗尔，在我尝试思考本书结构的早期阶段，他们是很棒的倾听者。还要感谢威尔·斯托尔，他慷慨地为我提供了有关作家事宜的建议。

　　我还非常幸运能与这么多出色的人共事，他们塑造了我的思想，其中许多人还是我的长期合作者。衷心感谢自杀行为研究实验室过去和现在的所有成员。我在本书中提到的很多研究都是由他们牵头的，他们的活力、激情和热情每天都在激励着我。

　　我还要感谢在我的人生旅途中遇到的所有人，尤其是那些曾经失去亲人或有自杀倾向的人。你们愿意对我讲出自己的故事，其中既有令人心碎的故事，也有充满希望的故事，这让我深感惭愧。我还要感谢过去二十五年来参与我们研究工作的所有人，无须多言，我们所取得的任何进展在很大程度上都要归功于你们愿意慷慨地奉献自己的时间。

　　如果不是偶然的机会，这本书可能永远也不会问世。正如我在前言中所说的，我想写这本书已经有好几年的时间了，但就是无法确定结构或形式。直到 2019 年 7 月，我在克里特岛度假时的一个晚上有了突破性的进展，也可以说是"灵光一现"。我想出了前进的方向，决心一回到英国就联系潜在的出版商。但这里有一个不可思议的或诡异或偶然的巧合，如果没有这个巧合，这本书可能就不会面世。回国当天，当我翻阅积压的邮件时，发现其中有一封看起来并无恶意的邮件，标题是"图书出版请求"，来自企鹅兰登书屋的编辑总监萨拉·赛文斯基。起初，我以为这可能是要求我审阅一份出书计划。萨拉当时正在休产假，但她还是发来了邮件，因为她很想在回国后启动一些她想探索的项目，其中之一就是一本和自杀有关的书。我简直不敢相信这一切的巧合和时机，这就像是心灵的碰撞。我非常感谢萨拉，因为在随后的几周里，她和我一起构思了这本书的结构，并把我介绍给了弗米利恩出版社（Vermilion）的高级编辑山姆·杰克逊。山姆和玛尔塔·卡塔拉诺也给予了我极大的支持，他们以专业的方式指导我完成了出版工作。我还非常幸运地请到了朱莉娅·凯拉韦担任我的编辑，她精辟而又敏感的建议和编辑意见使本书得到了极大的改进。

最后，如果没有苏西、波普伊和奥辛的大力支持，这本书是不可能完成的，在 2020 年秋冬季的大部分晚上和周末，他们不得不忍受我而躲在阁楼里。

（全书完）

如需查阅本书资源及参考文献

请扫描二维码浏览全部内容

Rory O'Connor

罗里·奥康纳

格拉斯哥大学自杀行为研究实验室主任。

国际自杀预防协会主席,国际自杀研究学院前院长。

苏格兰政府自杀预防学术顾问组主席。

美国自杀预防基金会科学审查委员会成员,《自杀研究档案》期刊联合主编,《自杀与危及生命的行为》期刊副主编,《危机》期刊的编辑委员会成员。

2014 年当选英国社会科学院院士,2022 年当选苏格兰爱丁堡皇家学会院士,获得 2023 年美国自杀预防基金会研究奖、2024 年美国自杀学协会路易斯·都柏林终身成就奖、2025 年国际自杀预防协会欧文·斯滕格尔自杀预防杰出研究奖。

《国际自杀预防手册》第二版主编。

《多希望我能拉住你》获得 2021 年英国心理学会年度图书奖(科普类)。

多希望我能拉住你

作者 _ [英] 罗里·奥康纳　　译者 _ 李昊

特约编辑 _ 谭思灏　　装帧设计 _ 文薇　　主管 _ 阴牧云

技术编辑 _ 顾逸飞　　责任印制 _ 杨景依　　出品人 _ 王誉

物料设计 _ 文薇

鸣谢

徐畅

果麦
www.goldmye.com

以 微 小 的 力 量 推 动 文 明

图书在版编目（CIP）数据

多希望我能拉住你 /（英）罗里·奥康纳著；李昊
译. -- 成都：四川文艺出版社，2025.9. -- ISBN 978-
7-5411-7352-3

Ⅰ . B84-49

中国国家版本馆 CIP 数据核字第 20257N6F50 号

著作权合同登记号 图进字：21-25-144 号

DUO XIWANG WO NENG LAZHU NI

多希望我能拉住你

[英] 罗里·奥康纳 著，李昊 译

出 品 人　冯　静
特约编辑　谭思灏
责任编辑　路　嵩　谢雯婷
封面设计　文　薇
责任校对　段　敏
出版发行　四川文艺出版社　（成都市锦江区三色路238号）
　　　　　果麦文化传媒股份有限公司
网　　址　www.scwys.com
电　　话　021-64386496（发行部）　028-86361781（编辑部）
印　　刷　北京盛通印刷股份有限公司
成品尺寸　145mm×210mm
开　　本　32开
印　　张　8
字　　数　163千
印　　数　1-5,000
版　　次　2025年9月第一版
印　　次　2025年9月第一次印刷
书　　号　ISBN 978-7-5411-7352-3
定　　价　55.00元